やさしい

IATF 16949入門

大森　直敏　著

ま え が き

　IATF 16949 について "審査は相当厳しいらしい"，"要求事項が多過ぎてど
う対処したらよいかわからない"，"意味のわからない要求事項がたくさんあ
る"といった声をよく耳にします．IATF 16949 は ISO 9001 に対して組織に
求められる品質マネジメントシステム要求事項や，審査機関に求められる要求
事項がとても多く，しかもこれらの要求事項が常に変化していることもあっ
て，複雑で全体像を理解することが難しいと思われる方も多いのではないで
しょうか．

　一方，自動車メーカーの電気自動車や自動運転など新たな技術革新への取組
みに伴って自動車産業への新規参入は拡大し，品質保証に対する要求の一層の
高まりから IATF 16949 の認証取得ニーズは増加してきています．

　この書籍は，IATF 16949 の概要を理解したい人のための入門書として，全
体概要の把握，要求事項の基本的な概念や用語の理解，認証プロセスと品質マ
ネジメントシステム構築の要点等を把握することを目的としています．

　筆者は，自動車会社で設計開発部門，品質保証部門，生産部門，サービス部
門で幅広く業務を担当し，この中で ISO 9001 認証取得の全社事務局として品
質マネジメント構築にも関わりました．また，現在勤務している組織では
IATF 16949 の認定プロジェクトや多くの審査を担当するとともに，欧州の自
動車型式認可（EU-WVTA）で要求される生産の適合性（CoP）評価をドイツ
の認可当局 KBA に代わって審査する指定審査機関として自動車メーカーの工
場審査を行うなど，一貫して自動車の品質に関わってきました．さらに，
IATF とは 15 年以上の長きにわたってお付き合いし，IATF 主催の全てのグ
ローバル会議に参加してきたことから IATF メンバーとのコミュニケーション
を通して多くのことを学んできました．

　このような経験を踏まえ，“やさしい IATF 16949 入門書”ではわかりやすさのためにいくつかの工夫を行いました．全体を六つの章で構成し，

　　第1章　IATF 16949 とは何か

　　第2章　IATF 16949 を理解するためのキーワード

　　第3章　規格要求事項の概要

　　第4章　認証審査——どのような審査が行われるのか

　　第5章　認証取得までのロードマップと準備の要点

　　第6章　Q＆A

とし，専門用語ではない平易な言葉を用いて解説することに心掛けました．また，視覚的に理解することができるよう，図表や事例を多く取り入れました．

　“やさしいシリーズ”として全体像をわかりやすく，しっかり把握することができるように工夫をしたつもりです．この本が，多くの方々の入門書として役に立てることを願っております．より具体的な理解については，他の専門書で理解を深めていただきたいと思います．

　なお，この図書の解説は筆者が勤務している組織の公式見解ではないことを申し添えたいと思います．

　この図書を作成するにあたり，日本規格協会グループ出版情報ユニット編集制作チームの皆さま，とりわけて伊藤朋弘さんには企画から執筆途中段階のチェックとアドバイスを含めて大変お世話になり，協力をしていただきました．心から感謝を述べさせていただきます．

　2020 年 6 月

大森　直敏

目　　次

6

第3章　規格要求事項の概要　　63

8

IATF 16949 とは何か

1.1 自動車産業の特徴

■ 自動車は台数がとても多い

蒸気で走る自動車が 1769 年にフランスで発明されて以来，ガソリンで走る自動車が 1885 年に開発されるなど以降大きな進化を遂げてきました．2019 年現在，世界の自動車の生産台数は年間約 9000 万台（日本メーカーの世界シェアは 32 %），保有台数は 2016 年になんと 13 億台（日本は 7700 万台）にまで増加しました．自動車は発展途上国の自動車販売の増加が見込まれることから今後も更に増加し，2020 年前半には販売台数が年間 1 億台に達するものと予想されています（図 1.1）．

■ 自動車は裾野の広い総合産業

自動車産業は自動車製造業，ディーラー，部品販売，輸送業，自動車整備業，ガソリンスタンド，金融業等，広い範囲の産業をもつことから総合産業といわれています（図 1.2）．日本における自動車関連産業の就業人口は 530 万人（約 1 割），自動車製造業の部品出荷額は 50 兆円（約 2 割），自動車の総出荷額は 15 兆円（約 2 割）であり，基幹産業として国の経済を支えています．また，自動車はエンジン車の場合約 3 万点もの部品で構成されていて，自動車メーカーはその約 7 割に当たる部品を部品メーカーから調達して組み立てています．自動車製造業の供給体制は，自動車メーカーを頂点にして部品メーカーや素材メーカーが石を積み上げたピラミッド構造になっています．

■ 社会的な課題と対策

自動車の大幅な増加に伴い，環境とエネルギー問題があります．大気汚染，地球温暖化や燃料枯渇が深刻な問題となっていて代替エネルギーを使用するハイブリッド車や電気自動車，燃料電池車等の次世代自動車への転換が急がれています．次に安全対策で，交通事故による乗員や歩行者の安全確保はもちろんのこと最近では高齢者ドライバーの増加に伴ういっそうの安全対策として，自動運転技術が各社急ピッチで進められています．

　これらの社会的な課題に自動車製造業全体として対処することが強く求められています.

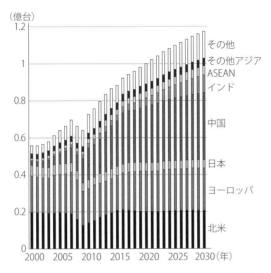

（出典：経済産業省「自動車新時代戦略会議資料」）

図1.1 自動車販売台数の推移予測

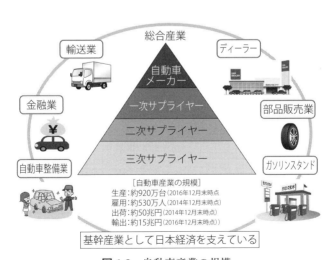

図1.2 自動車産業の規模

データは「自動車新時代戦略会議資料」（経済産業省）を参考にした.

1.2　自動車に求められる品質——利害関係者と品質要求

　自動車に求められる品質は何かと問われると，故障しないこと，安全であること，安心であること，快適であること，環境に悪影響を与えないことなどが挙げられると思います．自動車は，高速走行するハイウェイ，寒冷地，高温多湿など，あらゆる環境で使われます．冬のカナダでは極寒時に氷点下 30℃ を下回ることがあり（図 1.3），中近東では夏の気温が 50℃ になることがあります（図 1.4）．このような場所で自分の車が故障して動かなくなってしまったら生命の危機に直面することになるでしょう．自動車には過酷な環境でも安全に安心して使用できることが求められます．

　また，自動車は便利であることからその数が非常に多く（図 1.5），環境への影響も大きいことから，環境への負荷を少なくすることも求められます．

　品質問題の中で絶対に起きてはいけない不具合は，走る，曲がる，止まる機能の喪失，および車両火災であるといわれていています．走行している途中でタイヤが外れる，エンジンが停止して走れなくなる，ハンドルを切っても曲がらない，ブレーキペダルを踏んでも止まらないといったことが起きれば重大事故を起こすことになるでしょう．電気系統のショートや追突事故によるガソリンタンクの損傷は車両火災を発生させ乗員はもとより路上の歩行者の生命を奪いかねません．

　利害関係者のニーズから品質要求を見ていくと，消費者は安全・安心に加えてデザインがよいこと，燃費がよいことも必要でしょう．社会的ニーズは渋滞の解消や交通事故の防止があるでしょうし，環境側面からは環境負荷が小さいこと，無公害，CO_2 の削減が求められるでしょう．企業の要求は低コスト生産，安定供給があると思われます．（図 1.6）

　自動車の品質に求められるニーズを，次に示す三つの利害関係者の視点で 1.3 節から見ていきましょう．

　(1) 社会のニーズ

(2) 消費者のニーズ

(3) 規制当局のニーズ

図 1.3 寒冷地を走る自動車

図 1.4 砂漠を走る自動車

図 1.5 ハイウェイの渋滞

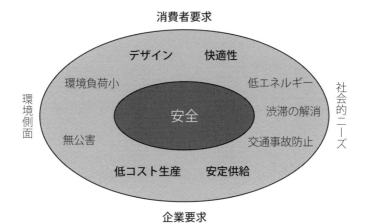

図 1.6 利害関係者の品質要求事項

1.3　社会のニーズと技術革新への対応

　世界各国には自動車メーカーやサプライヤー各社が新型車と関連製品を集め
て展示するモーターショーがあります．東京モーターショー，フランクフルト
モーターショー，北米国際オートショー，ジュネーブモーターショー，パリ
モーターショーが世界 5 大モーターショーといわれていましたが，最近では北
京で開催されるモーターショーが世界最大規模となっています．新聞や雑誌，
テレビなどで大きく取り上げられ多数の来場者があることから，自動車メー
カー各社は新型車やコンセプトカーの展示，最先端技術を PR できる絶好の
チャンスとしてショーを華々しく演出しています．

　2019 年の東京モーターショーでは，新型車やコンセプトカーに加えてアシ
スト機能や自動運転，ハイブリッドや電気自動車といった環境エネルギー対策
の取組みについて PR がなされていました．

　自動車メーカーは社会のニーズ，消費者のニーズに的確に応えていくことが
自社の発展につながることから，これらのニーズに応える技術革新が欠かせま
せん．自動車メーカーはこれら社会のニーズに応えていくことが必要で，課題
を実現するための技術革新が求められています．

　各国が自動車メーカー各社を含めて産官学を上げて取り組んでいる大きな二
つの技術革新への取組みを見ていきましょう．

■ 新エネルギーへの対応

　地球温暖化対策の枠組みである "パリ協定" が主要国の間で合意され，温室
効果ガスの削減目標に向けた計画の中で CO_2 削減のために，各国はガソリン
車とディーゼル車から電気自動車へのシフトを急ぐ方針を打ち出しています．
燃費規制が強化され，EV の販売比率をメーカーに義務付ける規制がカリフォ
ルニアや欧州で導入されていることなどから，環境エネルギー対策が重要な課
題となっています．CO_2 削減やディーゼル車などによる環境汚染対策として，
新エネルギーへの対策が急速に進められています．2015 年に 76％であったエ

ンジンで走る従来車の割合は 2030 年には 30〜50％に減少し，ハイブリッド車，電気自動車，燃料電池車といった次世代自動車にとって変わろうとしています（図 1.7）.

　自動車の構造は大きく変わり，エンジンはモーターに，ガソリンタンクはリチウムイオンバッテリーや水素タンクに，オートマチックトランスミッションはリダクションギヤやコンピューター制御のコントロールユニットに置き換わります.

乗用車車種別普及目標（政府目標）	2020年	2030年
従来車	50〜80%	30〜50%
次世代自動車	20〜50%	50〜70%
ハイブリッド自動車	20〜30%	30〜40%
電気自動車／プラグイン・ハイブリッド自動車	15〜20%	20〜30%
燃料電池自動車	〜1%	〜3%
クリーンディーゼル自動車	〜5%	5〜10%

（出典：経済産業省「自動車産業戦略 2014」）

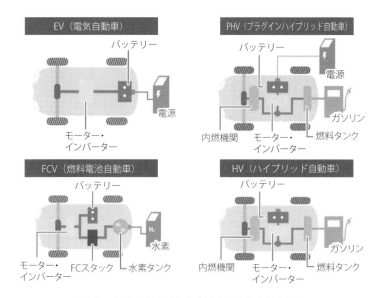

（出典：経済産業省「自動車新時代戦略会議資料」）

図 1.7　技術革新：環境ネルギー

▌自動運転

　最近の社会問題として特に高齢ドライバーによる交通事故の増加や，交通渋滞が問題となっており，自動運転へのニーズが一層強まってきています．交通事故の削減，交通渋滞の減少，物流効率の改善，環境などへの影響軽減，運転者の負担軽減等を実現することができる自動運転の実現に，世界は国を挙げて競っています．

　日本を含む世界の自動車メーカーは，米国SAE（Society of Automotive Engineers）Internationalが策定した自動運転の定義を採用しています．自動走行レベル区分はレベル0（手動）からレベル5（完全運転自動化）までの6段階で定義されていて，レベル1〜2までは運転支援，自動運転はレベル3〜5となります．現在はレベル2（部分運転自動化）とレベル3（条件付き運転自動化）の段階で，車が目的地までの運転操作を全て行ってくれる完全自動運転化に向けて開発が進められています（表1.1）．

　自動車には人の目に代わって各種のカメラやセンサー並びにレーダーや，ブレーキやアクセルペダル並びにハンドルを動かすためのアクチュエータ，全体を制御するためのコントロールユニットが搭載され，自動車の構造が大きく変化します（図1.8）．

▌品質課題と対応

　上記の技術革新を伴う製品は過去に経験したことのない品質問題が発生するリスクが高く，製品設計および製造工程設計における徹底したリスク分析と予防処置が求められます．次世代自動車や自動走行の新技術は，自動車の基本機能である，"走る，曲がる，止まる"機能に影響するものです．品質問題は人命や各国の法規制要求事項に直結することになることから，自動車メーカーはサプライヤーを含めて，リスクへの対応に十分な仕組みをもって対応しなければなりません．

表 1.1　技術革新：自動運転

レベル	概要	実用化見込み時期
レベル 0 運転自動化なし	ドライバーが全てを操作 （運転支援システムが導入されていない車）	—
レベル 1 運転支援	システムがハンドル操作（車線の逸脱検知と補正，車庫入れなど），加速／減速（車間距離の維持，衝突軽減など）のどちらかを走行環境に応じてアシスト	実用化済み
レベル 2 部分運転自動化	システムがハンドル操作と，加速／減速のどちらも自動化	〜2020 年
レベル 3 条件付き運転自動化	高速道路などの特定の場所でシステムが全ての運転操作を行う． ただし，緊急時はドライバーが操作	2020 年目途
レベル 4 高度運転自動化	高速道路などの特定の場所でシステムが緊急時の対応を含めて全ての運転操作を行う．	2025 年目途
レベル 5 完全運転自動化	システムが場所の限定なく交通状況を認識して運転にかかわる全ての操作を行う．	それ以降

（出典：「官民 ITS 構想・ロードアップ 2019」の定義と概要を基に再構成）

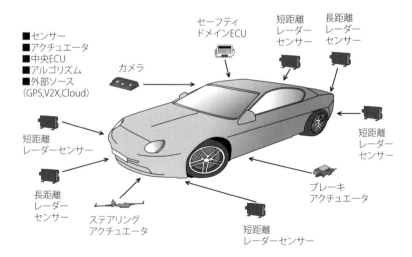

図 1.8　自動車の構造変化

1.4　消費者のニーズと品質評価

　私たち消費者が自動車を購入する場合，何を基準にして車選びをするでしょうか．自動車メーカーの宣伝を見たり，カタログを取り揃えたり，ディーラーに行って自動車の説明を受けたりして選ぶことになると思います．しかし，このような情報源からでは品質がよいかどうかわかりません．

　米国は自動車社会といわれていて，都市中心部を除き，自動車がなければ職場，スーパーマーケット，医者，薬屋，床屋，学校等に行くことができず，日常生活を送ることができません．ですから自動車の品質には故障等の不具合が発生しないことが重要な要素なのです．しかし，自動車メーカーはデザインやカタログ性能を PR しても，不具合などの品質情報は提供していません．

▌消費者の購入意欲に影響する品質評価

　世界各国では第三者機関による"品質評価"が行われており，消費者の視点で車の評価，自動車メーカーのブランドの評価が行われ，公表されます．米国の代表的な評価機関に，J.D.Power 社による評価と，消費者団体専門誌"Consumer Reports"があります．公表された結果は，消費者の再購入意欲に大きな影響を与えています．

　図 1.9 は J.D.Power 社による品質評価の抜粋で，新車 100 台当たりの不具合発生件数の平均値を自動車メーカー順位で示しています．さらに，図 1.10 はセグメント別の品質トップ 3 モデルを示しています．セグメント別のワースト 3 モデルのデータも公表されます．このデータを見た消費者は，果たして不具合発生件数の多いメーカーを選定するでしょうか．品質トップ 3 から選ぶのが賢い選択ではないでしょうか．

　自動車メーカーは，このように品質評価のスコアが再購入意欲と強い相関があり，他社よりもスコアを向上させることが販売増に寄与することから，重要な管理指標として品質改善努力をしています．

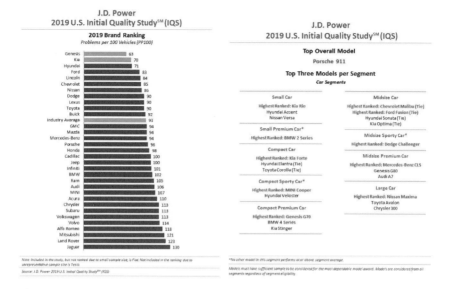

（出典：https://www.jdpower.com/business/press-releases/2019-initial-quality-study-iqs）

図 1.9　J.D.Power 社：ブランド別評価　　**図 1.10**　J.D.Power 社：セグメント別評価

用語の解説　　コンシューマー・レポート（**Consumer Reports**）

　米国の非営利団体コンシューマーズ・ユニオン（Consumers Union）が発行している月刊誌です．毎年 4 月に発行される"自動車特集号（The annual Consumer Reports New Car Issue）"には各自動車メーカーの自動車の乗り心地，性能，安全性，信頼性などの評価とランキングが表示され自動車の再購入意欲に大きな影響を与えているといわれています．

1.5　規制当局のニーズ

■ 自動車検査登録制度

　日本には自動車の安全確保と公害防止を図り，巨大化していく車社会の秩序を支える仕組みとして自動車を検査して登録する"自動車検査登録制度"があります（一般に，"車検"と呼ばれています）．自動車が法令・規制要求事項（保安基準）に適合していると"自動車検査証"（車検証）が発行され，公道で使用することができます（図 1.11）．

　自動車を検査する方法は，車検場に持ち込む場合と，自動車メーカーが利用している型式指定制度があります．型式指定制度とは，大量生産される自動車に対して国が下記の適合性を判定し，その型式を指定する制度で，型式を指定された自動車は保安基準に適合しているものとみなされ，新規検査の際に国（車検場）への現車提示を省略することができます．型式指定を受ける条件は二つあります．

　① 自動車の構造，装置及び性能が保安基準に適合している［基準適合性審査］
　② 自動車が均一に製作されるよう品質管理が行われている［品質管理（均一性）審査（指定自動車監査）］

　このような仕組みは欧州にもあり，EU-WVTA（欧州統一型式認可制度）と呼ばれています．安全・環境に関わる法令・規制要求事項は，ブレーキ，前照灯，排出ガス規制等，全体で 140 項目以上にのぼります（図 1.12）．

■ 法令・規制要求事項を満たさないことが判明した場合の処置

　法令・規制要求事項を満たせないことがわかった場合，自動車メーカーはリコールを当局に届出し，問題となっている自動車の回収と処置を行うことが義務付けられています．このため，自動車産業の品質マネジメントシステムには，法令・規制要求事項を 100%満たした自動車を設計し製造するための特別なプロセスが求められているのです．

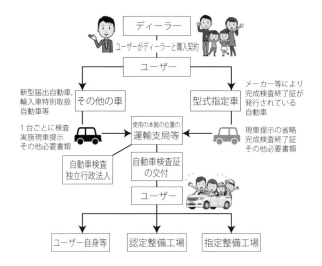

（出典：国土交通省「自動車検査・登録ガイド」）

図 1.11 自動車検査登録制度

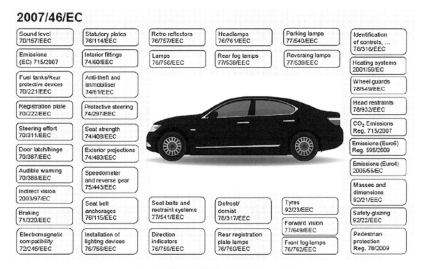

（EU 型式認可関連要求事項の一例）

図 1.12 法令・規制要求事項

1.6 OEM が調達する製品とサプライチェーン

　自動車の部品点数は，エンジン車では約 3 万点の部品で組み立てられているといわれています（図 1.13）．電気自動車では，複雑な機構をもったエンジンやトランスミッションがモーターやリダクションギヤに置き換わることから部品点数は約 2 万点といわれています

　エンジン部品，駆動・伝達及び操舵部品，懸架・制動部品，車体部品，電装品・電子部品等の部品点数の内訳を図 1.13 に示します．

　一方，自動車メーカー（OEM）は，2〜3 万点もの組立部品の内，約 7 割をサプライヤーから調達して自動車を組み立てています．自動車産業の構造は，図 1.14 に示すようにピラミッドのような構造をしていて自動車メーカーに直接部品を納入する一次サプライヤー，その下流に二次サプライヤー，三次サプライヤーとつながっていることから，サプライチェーンともいわれています．

用語の解説　Tier

　一次メーカー，二次メーカー，三次メーカーは，Tier 1（ティアワン），Tier 2（ティアツー），Tier 3（ティアスリー）とも呼ばれています．Tier（ティア）とは，段，層などの意味で，3 段積みデコレーションケーキや，地層等の表現に使われます．

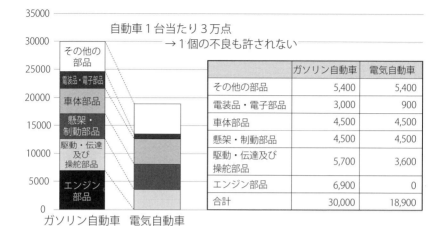

（出典：「素形材ビジョン」2010年経済産業省）

図1.13 自動車の部品点数

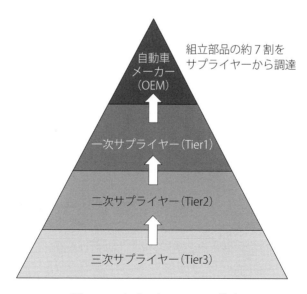

図1.14 サプライチェーンの構造

1.7 自動車産業の QMS はなぜ必要とされたか

▌自動車の品質保証にはサプライヤーの理解と協力が不可欠

　自動車 1 台に組み込まれる部品点数は，エンジン車の場合で 3 万点といわれています．高級車は多機能で高性能になることから，部品点数は 5 万点ともいわれています．自動車メーカーはこのように多くの部品を組み込んだ自動車を月産数万台も生産しています．

　自動車が他の工業製品と異なることは，部品点数が多いこと，遵守しなければならない法令・規制要求事項が非常に多くあること，ユーザーの評価が厳しいことなどから，品質にばらつきがなく均一な製品を大量に生産し続けていることが自動車製造業の特徴といえます．

　しかも自動車メーカーは自動車の構成部品の内，約 7 割をサプライヤーから調達しています．自動車の品質を保証するためには，約 7 割の部品を供給しているサプライヤーの理解と協力が不可欠です．

▌顧客固有要求事項とその統合

　自動車メーカーは，サプライヤーに対して，製品要求事項を 100 %満たした製品を指定した期日に確実に納入してもらうため，製品要求事項に加えて顧客固有要求事項（品質マネジメントシステム要求事項）を購買契約の一部として規定しています（図 1.15）．

　この顧客固有要求事項は，自動車メーカーごとに独自のものをもっていますが，自動車産業であれば品質マネジメントシステムの基本事項には共通化できるものも多かったことから，欧米自動車メーカーの共通の品質マネジメントシステム要求として IATF 16949 が開発されました．そして，IATF に加盟している OEM は直接取引のあるサプライヤーに IATF 16949 の第三者認証取得を要求するようになりました．

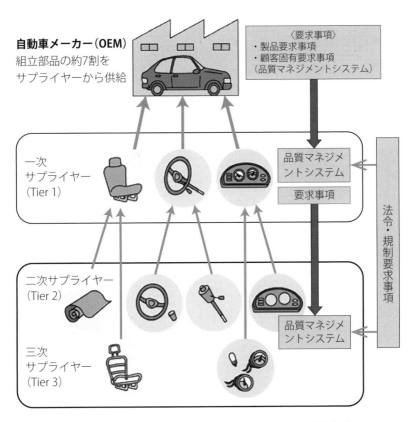

図 1.15　サプライチェーンと自動車メーカーの要求事項

1.8 IATF 16949 の成り立ち

▌要求事項の段階的な統合

　自動車メーカー（OEM）は取引先のサプライヤーに対して，"品質マネジメントシステム要求事項"を契約事項として要求しています．要求事項の内容は，製品設計時の FMEA，工程管理，記録保管，機密保持，クレーム処理，補償，使用する帳票類等，多岐にわたります．

　サプライヤーは取引先から要求される"品質マネジメントシステム要求事項"を満たした品質マネジメントシステムを構築して対応しなければなりません．

　しかし，取引先ごとに異なる"品質マネジメントシステム要求事項"があると，サプライヤーの品質マネジメントシステムは対応事項が増え複雑化して管理が難しくなります．

　このような背景もあって，1990 年代から自動車メーカーの"品質マネジメントシステム要求事項"は国ごとに共通化されていき，例えば米国では QS-9000 というビッグ 3（ゼネラルモーターズ，フォード・モーター，クライスラー）の共通規格が作成されました．この共通化の動きが欧米自動車メーカー共通の規格として ISO/TS 16949 となり，現在発行されている IATF 16949:2016 に進化されてきました（図 1.16）．

▌ISO/TS 規格から IATF 規格への変更理由

　ISO/TS（Technical Specifications：技術仕様書）は ISO が発行する規範文書の形態の一つで，国際規格になる前に発行することのメリットが認められた場合などに早期発行することが認められます．この場合，国際規格への移行可否を 3 年ごとに見直すこと，発行から 6 年後に国際規格への移行か廃止の選択が行われます．ISO/TS 16949 は IATF による延期の申請が ISO から認められて改訂を重ねてきましたが，ISO 9001:2015 発行を機に，国際規格ではなく自動車産業のセクター規格として再スタートすることになりました．

▎日本の自動車メーカーの動向

　IATF メンバーの OEM と直接取引のあるサプライヤーは，IATF 16949 の認証取得が要求事項となっています．一方，日本の自動車メーカーは IATF のメンバーに加わっていないのでサプライヤーに IATF 16949 の認証取得を要求していません．

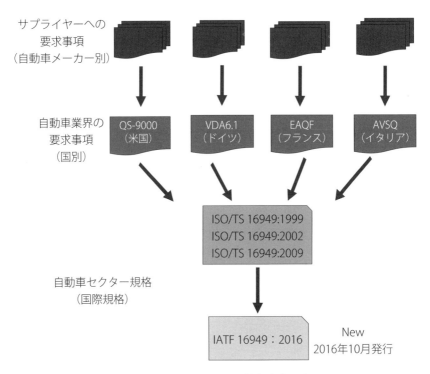

図 1.16　自動車セクター規格統合化の流れ

1.9 IATF 16949 の特徴

IATF 16949 の認証制度は，納入する製品の全数保証の仕組みを保証するための制度で，主な特徴としては下記のことが挙げられます．

・グローバルな品質マネジメントシステムの構築
・サプライヤーが異なる顧客のために複数の規格に適合することの回避
・顧客満足の向上，継続的改善によるパフォーマンス向上が焦点
・グローバルな調達を容易にする
・審査機関に対する管理の強化　（審査の質の向上，均一化）

ISO 9001 にはない自動車産業品質マネジメントシステム要求事項の特徴は，顧客要求事項を完全に満たした製品を供給することのできる品質マネジメントシステムを構築することにあります．特にリコール問題を発生させないこと，すなわち法令・規制要求事項を完全に満たした製品が供給されることに重点が置かれています．

▌製品設計及び製造工程設計プロセスの重視

第2章 "2.7　製品安全と特殊特性" で詳しく解説しますが，リコール発生の要因分析から明らかなように，製品設計及び製造工程設計のプロセスにおいて品質を作り込むための要求事項，及び製造工程の管理に関する要求事項がIATF 16949 では重視されています．

製品設計プロセスと製造工程設計プロセスからのアウトプットが顧客要求事項を完全に満たすために

① FMEA によるリスク分析を行って予防処置につなげること
② 製造工程の管理を確実にするために管理工程図や作業指導書を完備すること
③ 設備保全や要員の力量を確保すること

等の要求事項が具体的に規定されたものとなっています．

▌ 強化された主な要求事項

　IATF 16949 では旧規格（ISO/TS 16949）に対して自動車産業が現在直面する課題，例えば，リコールリスク，電子制御化の拡大，サプライチェーン全体で取り組む必要性等に対処するために以下の要求事項が強化されました.

・各社の顧客固有要求事項を共通要素として取り入れた

・製品とプロセスの安全に係る要求事項

・最新の規制要求事項を支援する製品トレーサビリティ要求事項

・ソフトウェアが組み込まれた製品に係る要求事項

・サプライヤーマネジメントとその開発要求事項の明確化ほか

対訳 IATF 16949:2016 ポケット版　　　対訳 ISO 9001:2015 ポケット版

1.10　IATF 16949 の到達目標

▌QMS の有効性と効率

　IATF 16949 はその冒頭で"到達目標"について，次のように記載しています．

　　"この自動車産業 QMS 規格の到達目標は

　　　・不具合の予防，並びに

　　　・サプライチェーンにおけるばらつき及び無駄の削減

　　を強調した，継続的改善をもたらす品質マネジメントシステムを開発
　　することである"．

　ISO 9001 で"QMS の有効性"としての"不具合の予防"が求められているのに加えて，IATF 16949 では"QMS の効率"としての"ばらつき及び無駄の削減"を求めています．そのため，トップマネジメントはマネジメントレビューにおいてプロセスの有効性と効率を評価して改善することが求められています．

　"QMS の有効性"とは，計画した結果を達成した程度で，その指標としては，納入不良件数，納期遵守率，工程内不良等が挙げられます．

　"QMS の効率"とは，投入した資源に対する達成した程度で，その指標としては，生産性，廃却金額，設備総合効率，特別輸送費等が挙げられます．

▌目標はゼロディフェクト

　IATF 16949 は顧客満足度向上のために開発された品質マネジメントシステム要求事項なので，パフォーマンスを向上させることが強く期待されています．顧客は，要求した適合製品が指定期日に納入されれば満足です．ですから期待される具体的な指標と目標値は"納入不良 0 件"と"納期遵守率 100％"です．

　この目標を達成する考え方として"ゼロディフェクト"があります．個々の職場で不良をゼロにする，工程で品質を作り込むことによって後工程に不良を流さない，そして最終的に顧客への納入不良をゼロにするという考え方です．IATF 16949 は"ゼロディフェクト"を目指していますので，この目標達成に

向けて，規格要求事項とルールの改訂が繰り返し行われてきました．今後も"ゼロディフェクト"達成に向けた規格要求事項とルールの改訂が行われていくことになるでしょう．

組織が品質マネジメントシステムを ISO 9001 から IATF 16949 に移行を行った場合，パフォーマンスが大きく向上することが強く期待されています（図 1.17）．

"A タイプ"はパフォーマンスが更に向上傾向にあり，IATF 16949 認証取得の成功例です．IATF 16949 を QMS の継続的改善に有効に活用されています．

"B タイプ"は効果が足踏み状態です．品質活動がマンネリ化し，品質マネジメントシステムが形骸化していることが懸念されます．

"C タイプ"は効果が悪化傾向となっています．費用と手間をかけているにもかかわらずシステムは重く成果が得られていません．

効果を出している組織の共通的な特徴は，トップマネジメントが顧客満足度向上に強いリーダーシップを発揮していることと，組織全体が規格要求事項の意図を正しく理解して QMS の継続的改善に積極的に活用していることだと感じています．

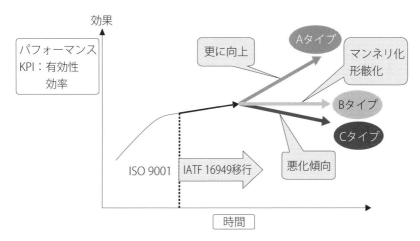

図 1.17 IATF 16949 認証取得後のパフォーマンス向上

1.11　IATF 16949 の構造

▌関連する規格

　IATF 16949 は，ISO 9001 をベースに自動車産業の要求事項を追加した構造となっています．組織に対する品質マネジメントシステム要求事項も審査機関に対する要求事項も図 1.18 に示すように，ISO 9001 に関連する規格がそれぞれ引用されています．

▌変化への柔軟対応

　IATF 16949 の要求事項に特徴的なことは，変化の大きな自動車産業に柔軟に対応できる仕組みがあることです．IATF のポータルサイトに掲示されている SIs（Sanctioned Interpretations: 公式解釈）と FAQs（Frequently Asked Questions：よくある質問）は，規格要求事項の一部として扱われ審査基準となります．組織は，この SIs と FAQs の最新情報を IATF ポータルサイトにアクセスして最新情報を把握し，変更内容に対応した品質マネジメントシステムのレビューと改訂を行っていく必要があります．

▌顧客固有要求事項

　IATF 16949 の要求事項には，"顧客固有要求事項" を組織の品質マネジメントシステムに含めることが要求されています．"顧客固有要求事項" には品質マネジメントシステムで使用するコアツールや，製造工程監査に使用するツールが引用された構造となっています（解説は第 2 章 "2.2　顧客固有要求事項"，"2.3　コアツール" を参照してください）．

▌IATF 16949 の構造

　IATF 16949 品質マネジメントシステム要求事項は図 1.19 に示すピラミッド型のような構造になっています．ISO 9001 を土台として，その上に IATF 16949 自動車産業として共通の要求事項が規定されていて，その上の頂点に共通化できなかった各社ごとの "顧客固有要求事項" が載っています．

　認証の基準となるのは，前述の要求事項全体となります．

英語の"shall"で表現されている規格要求事項の数を図中に記載しましたが，IATF 16949 は ISO 9001 に比較して 2 倍以上の量になっています．

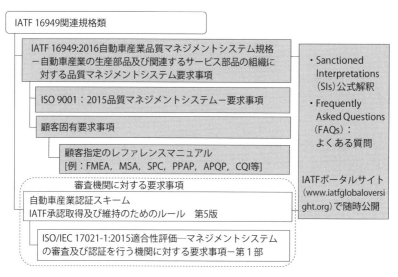

図 1.18　IATF 16949 の関連規格

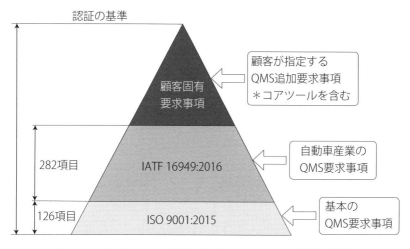

図 1.19　IATF 16949 品質マネジメントシステム規格の構造

1.12　自動車産業 QMS の認証制度とは

▌認証の対象と審査の対象

　IATF 16949 の認証対象は，製品を製造している生産事業所，すなわち工場です．全社を対象にして認証を受ける事例で IATF 16949 と ISO 9001 との違いを見てみましょう．

　図 1.20 に示すような本社，技術センター，営業所，倉庫，A 工場，B 工場を認証する場合，ISO 9001 は本社に登録証が授与されますが，IATF 16949 では生産事業所が認証の対象となることから A 工場と B 工場に登録証が授与されます．ただし，その生産事業所と業務上関連し支援機能を有している本社，技術センター，営業所，倉庫も審査の対象となります．

▌サイトと遠隔地支援部門

　IATF 16949 では生産事業所（工場）のことを "サイト" と呼び，サイトを支援している事業所のことを，"遠隔地支援部門" と呼びます．

　登録証は，1 枚目の表紙がサイト，2 枚目以降に遠隔地支援部門と支援機能が記載された附属書が添付されます（登録証サンプルは第 4 章 "4.6　認証判定と登録" を参照してください）．

　IATF 16949 の認証を取得したサイトは，顧客要求事項を満たした製品を供給することのできる，信頼性の高いサプライヤーであることの証明書という意味合いをもっています．

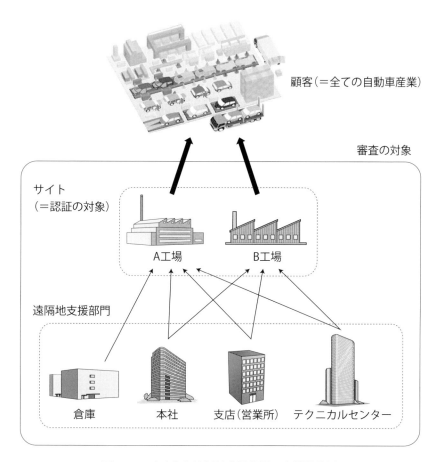

顧客（＝全ての自動車産業）

審査の対象

サイト
（＝認証の対象）

A工場　　　　B工場

遠隔地支援部門

倉庫　　　　本社　　　支店（営業所）　テクニカルセンター

図 1.20　サイトと遠隔地支援部門の支援関連図

1.13 認証制度を運営する組織

　IATF（International Automotive Task Force）の組織は図 1.21 に示す組織となっています．欧米の大手自動車会社で構成される IATF メンバーシップの機能は，認証ルールと品質マネジメントシステム要求事項の制定，戦略立案，審査機関との契約を担っています．

　IATF メンバーシップの下部組織に，グローバルオーバーサイト事務所が 5 箇所あり，審査機関の管理・監督の機能を担っています．日本の審査機関は米国の IAOB（International Automotive Oversight Bureau）の管理下にあり，毎年定期的に事務所審査と，審査の現場に立ち会って審査チームのパフォーマンスを監視する "ウィットネス" を通して審査機関のマネジメントシステムの有効性と審査員の力量を評価しています．ルールに沿わない，有効でないと判断した場合には厳しく指摘し，審査機関に是正処置を行わせています．

　また，審査員や組織に教育訓練を提供するグローバルトレーニングプロバイダーが 5 機関あります．

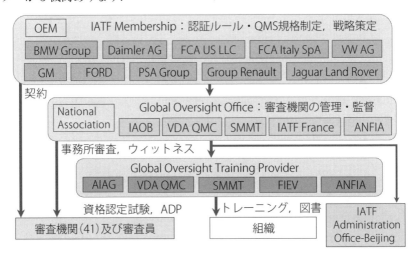

図 1.21　IATF の組織概要（2020 年時点）

第2章

IATF 16949 を理解するための
キーワード

2.1 自動車産業 QMS と SI, FAQ

■ 自動車産業 QMS

IATF 16949 は"自動車産業 QMS 規格"とも呼ばれ，顧客から指定される顧客固有要求事項，ISO 9001 及び ISO 9000 とともに，サプライヤーに対する基本的品質マネジメントシステム要求事項を定めたものです．IATF 16949 は単独の QMS 規格ではなく ISO 9001 の補足として追加された要求事項となっていることから，ISO 9001 と併せて使用しなければなりません．規格要求事項が二冊必要なことはユーザーにとって使いにくいものですが[1]，IATF と ISO との間で統合文書とするライセンスに関して合意することができなかったという事情があります．

IATF 16949 には自動車産業として重要視している考え方や管理手法，特別な用語等が採用されています．第2章ではこれらを理解するためのキーワードについて解説していきたいと思います．

■ SI と FAQ

自動車産業は状況の変化が大きいことから，QMS 要求事項も変化に柔軟に対応できなければなりません．そこで，IATF はポータルサイトで[2] SIs（Sanctioned Interpretations：公式解釈）と FAQs（Frequently Asked Questions：よくある質問）を各国語で閲覧できるようにし，いつでも規格要求事項の変更や解釈の追加ができる運用を行っています．SIs と FAQs の位置付けを表 2.1 に示します．SIs と FAQs は認証審査の基準になりますので，組織は最新情報を常に把握し要求事項の変化に対応できるようにしておかなければなりません．

1　日本規格協会が発行している書籍『IATF 16949:2016　解説と適用ガイド』は IATF 16949 と ISO 9001 の両方の規格要求事項が解説と共に掲載されてるので便利です．

2　https://www.iatfglobaloversight.org/

表 2.1 SIs と FAQs の目的

	説明
SIs（公式解釈）	公式解釈はルール又は要求事項の解釈を変更するものであり，以後は，それ自体が不適合の根拠となる.
FAQs（よくある質問）	FAQ は既存の IATF 16949 要求事項を明確化したものである.

IATF ポータルサイト掲載の SIs と FAQs

2.2 顧客固有要求事項

　IATF 16949 は，IATF に加盟した自動車メーカー（OEM）共通の要求事項です．共通化できなかった OEM 各社ごとの品質マネジメントシステム要求事項を "顧客固有要求事項(Customer Specific Requirements)" として IATF ポータルサイトに掲載し，最新版を閲覧できるようにしています（図2.1）．

　顧客固有要求事項を GM の例（表2.2）で見てみると，IATF 16949:2016 の各箇条に対して追加の有無と，追加要求事項が記載された形式となっています．

　顧客が IATF 自動車メーカーではない日本の自動車メーカーや Tier1 メーカー等の場合には，"購入部品品質保証マニュアル"，"取引先品質保証マニュアル"等の名称で組織に提示している品質マネジメントシステム要求事項が顧客固有要求事項に該当します．このような文書も組織に提示されていない場合には，購買契約書や品質保証に関する契約書に記載されている品質マネジメントシステム要求事項が顧客固有要求事項に該当する場合があります．

　この "顧客固有要求事項" は組織の品質マネジメントシステムに含めること，及び認証の基準に "顧客固有要求事項" を含めて審査することが要求されています．そのため，自動車産業の顧客の数だけ，顧客固有要求事項があることになります（図2.2）．

表 2.2　GM の顧客固有要求事項（抜粋）

箇条		追加要求事項の概要
:		:
8.3.4	設計・開発の管理	追加要求事項なし．
8.3.4.1	監視	追加要求事項なし．
8.3.4.2	設計・開発の妥当性確認	追加要求事項なし．
8.3.4.3	試作プログラム	追加要求事項なし．
8.3.4.4	製品承認プロセス	組織は，AIAG 発行コアツールマニュアル "PPAP（生産部品承認プロセス）" と，GM1927-03 品質 SOR に従うこと．

IATF 16949:2016 | Rules 5th Edition | IATF CB Communiqués | OEM Requirements | IATF Publications | IATF Certification

Home > OEM Requirements > Customer Specific Requirements

Customer Specific Requirements

BMW Group
- BMW Group Customer Specific Requirements for IATF 16949:2016 - September 2017

Daimler AG
- Daimler AG Customer Specific Requirements for IATF 16949:2016 – September 2017

FCA US LLC
- FCA US LLC Customer Specific Requirements for IATF 16949:2016 – July 08, 2019
- Minimum Automotive Quality Management System Requirements for Sub-Tier Suppliers for IATF 16949 – September 2017
- FCA US LLC Customer Specific Requirements for PPAP 4th Edition and Service PPAP 1st Edition – October 17, 2016

FCA Italy SpA
- FCA EMEA/LATAM Regions Customer Specific Requirements for IATF 16949:2016 – March 29, 2019
- Minimum Automotive Quality Management System Requirements for Sub-Tier Suppliers for IATF 16949 – September 2017

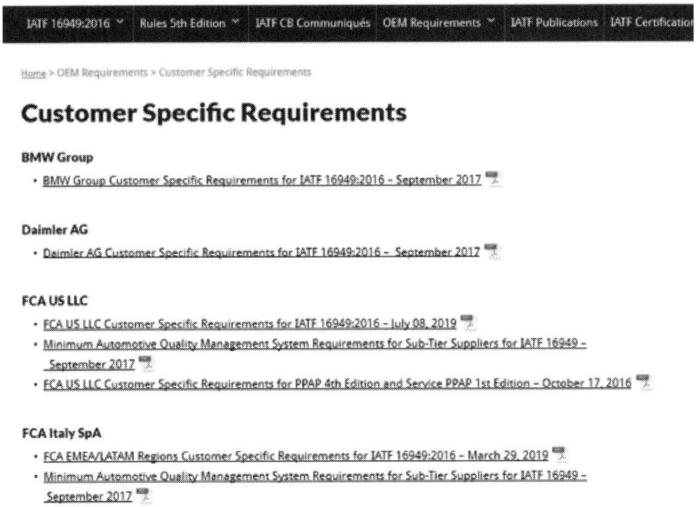

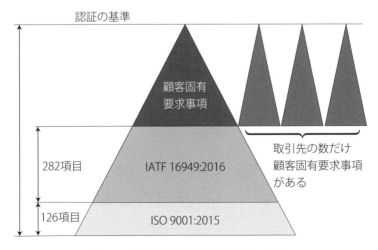

図 2.1　IATF ポータルサイト掲載の顧客固有要求事項一覧

図 2.2　顧客固有要求事項と認証の基準

2.3　コアツール

　IATF 16949 で特に重要視されている技術的な方法や手法で，核心的な道具という意味でコアツール（Core Tool）と呼び，図2.3と表2.3に示す5種類を指します[3]．コアツールはプロジェクトマネジメント，製品設計と製造工程設計におけるリスク分析，製造工程管理，統計的工程管理等に活用することが要求されています．

　なお，AIAG（全米自動車産業協会）発行のコアツールマニュアルは参考図書（Reference Manual）として，手法の紹介又は指針を示したものなので，組織はこれらを基にコアツール使用の手順を定めて活用することが必要です．（ただし，PPAPマニュアルは米国ビッグ3の要求事項です）．

　また，米国ビッグ3は，製造工程監査において高度な技術的管理が求められる製造工程，例えば熱処理工程や塗装工程などにCQIを用いて監査し有効性を評価することを顧客固有要求事項で要求しています．これらの製造工程はその後の検査や試験で製品要求事項を検証することができない工程で"特殊工程"といわれています．さらに，製造・組立工程にCQIを用いた階層別監査を行うことも要求しています．表2.4に要求事項に指定されているCQIを示します．

図2.3　AIAG 発行のコアツールマニュアル及び CQI

3　コアツールは米国の自動車団体 AIAG が発行しています．日本語版は，日本規格協会から英和対訳版が販売されています．

表 2.3 コアツール一覧

コアツール	内容
PPAP（Production Part Approval Process：生産部品承認プロセス）	生産部品について顧客から承認を得るために必要な文書・記録や製品及び製造工程の適切性を評価する方法論．
APQP（Advanced Product Quality Planning：先行製品品質計画）	顧客のニーズ及び期待を満たす新しい製品を開発し，顧客承認を取得して営業生産に移行する，新製品開発プロジェクト全体の運営方式についての指針．
FMEA（Potential Failure Mode and Effects Analysis：潜在的故障モード影響解析）	製品及びプロセスのもっている潜在的なリスクを主に製品設計段階及びプロセス設計段階で評価し，そのリスクを可能な限り排除又は軽減するための技法．
MSA（Measurement System Analysis：測定システム解析）	測定における誤差（バラツキ）を定量的に評価する方法．
SPC（Statistical Process Control：統計的工程管理）	製造工程において品質保証及び工程の管理・改善のために統計的手法を用いて管理する手法．

表 2.4 CQI 一覧

工程名	AIAG 発行の CQI
製造・組立	CQI-8　階層別システム監査ガイドライン
熱処理	CQI-9　特殊工程：熱処理システム評価
メッキ	CQI-11　特殊工程：メッキシステム評価
塗装	CQI-12　特殊工程：塗装システム評価
溶接	CQI-15　特殊工程：溶接システム評価
ハンダ	CQI-17　特殊工程：はんだ付けシステム評価
成形	CQI-23　特殊工程：成形システム評価
鋳造	CQI-27　特殊工程：鋳造システム評価

2.4　自動車産業プロセスアプローチ

　IATF 16949 では品質マネジメントシステムを評価するための監査に"自動車産業プロセスアプローチ"を用いることが要求されています．組織が自らに対して行う内部監査（第一者監査），及び供給者に対して行う監査（第二者監査）は"自動車産業プロセスアプローチ"に基づいて行うことになります．内部監査員と第二者監査員の力量には"リスクに基づく考え方を含む，監査に対する自動車産業プロセスアプローチの理解"を実証することが求められます．

▌自動車産業プロセスアプローチ

　"自動車産業プロセスアプローチ"とは，顧客ニーズに焦点を当てたアプローチのことで，プロセスへのインプットを顧客ニーズ，プロセスからのアウトプットを"満たされた顧客ニーズ"と定義されています．顧客ニーズには，契約事項として品質マネジメントシステム要求事項（IATF 16949，顧客固有要求事項等）と製品要求事項（品質，納期）があり，これらの要求事項を完全に満たした製品をアウトプットして顧客に納入すれば，顧客満足が達成されます（図 2.4）．

　組織は顧客との契約事項である製品品質と納期の要求事項を満たすことが求められているので，顧客への製品品質と納期に対するリスクに焦点を当てた各プロセスの KPI（重要管理指標）の目標達成状況から品質マネジメントシステムの有効性を評価し，継続的に改善することが組織に求められます．自動車産業プロセスアプローチのキーワードを表 2.5 に示します．

▌有効性の評価とその手法

　自動車産業プロセスアプローチ審査では，品質マネジメントシステムの有効性を，顧客スコアカードや主要顧客パフォーマンス，例えば納入不良率や納期遵守率等の顧客目標達成状況に基づいて評価します．目標を達成できていない場合には，処置計画が作成されていること，そして処置計画が有効に実施されていることを確認します．審査場所は会議室ではなくプロセスの活動が実際に

行われている現場で，プロセスオーナーや実務担当者と面談し，KPIと目標達成状況，実際の活動，要員の力量，設備やシステムの管理状況，業務手順書の適切性等について確認しIATF 16949及び顧客固有要求事項等に照らして品質マネジメントシステムの有効性を評価します．

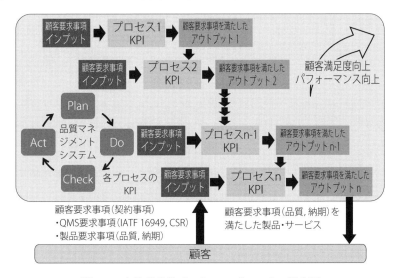

図 2.4 自動車産業プロセスアプローチの概念図

表 2.5 自動車産業プロセスアプローチのキーワード

キーワード	解　説
インプット	顧客要求事項
アウトプット	顧客要求事項を満たしたアウトプット
リスク	顧客満足を損なうリスクが抽出され管理されていること．適宜見直しされていること
相互作用	関連し合うプロセス間のインターフェースが明確で，相互作用の内容が定義されていること
有効性評価	顧客満足を測るKPIを設定し，実績を評価．目標未達成の場合には是正処置が開始されていること
継続的改善と顧客満足	プロセスオーナーはプロセスを評価して改善．トップマネジメントは品質マネジメントシステムを評価し，顧客満足達成の改善を進めていること

2.5　タートル図

　タートル図とは，図2.5に示すようにプロセス要素を亀（タートル）の頭と尻尾，及び両手両足に置き換えたプロセスモデルのことです．

　タートル図を用いてプロセスを整理分析すると，ISO 9001 の 4.4.1 で要求されているプロセス要素を視覚的に捉えることができ，プロセスの有効性を評価するのに効果的です．IATF 16949 審査員はタートル図を用いてプロセスを分析し評価しています．例えば，工程設計プロセスと製造プロセスにタートル図を適用すると図2.6及び図2.7のようになり，複雑なプロセスを視覚的に理解するのに役立つことがわかるかと思います．

　自動車産業プロセスアプローチで強調されていることは，顧客要求事項の達成に焦点が当てられていること，製品品質と納期に関するパフォーマンスを向上すること，KPIによってプロセスの有効性を評価し継続的に改善することです．

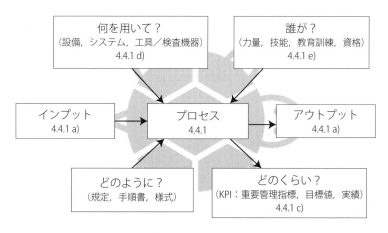

図 2.5　タートル図

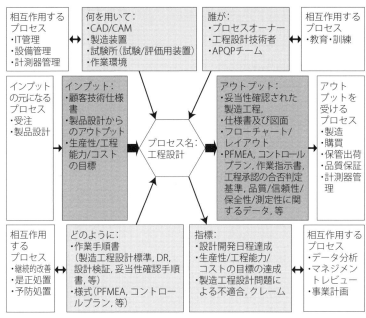

図 2.6 工程設計プロセスのタートル図（例）

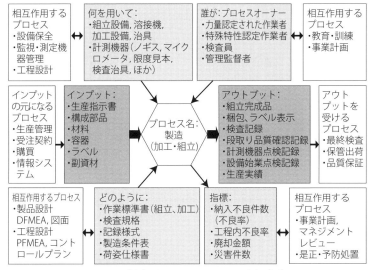

図 2.7 製造プロセスのタートル図（例）

2.6　リスク分析と FMEA

　ISO 9001 は品質マネジメントシステムの計画策定，実施，レビュー，改善に"リスクに基づく考え方"を適用しています．不適合を未然に防止する予防処置としてあらかじめリスクを特定し，取り組むことが要求されています．IATF 16949 では"リスクに基づく考え方"が要求事項の全体に強く反映されていて，要求事項に用いられているリスクの用語数は ISO 9001 では 8 なのに対して，IATF 16949 では 51 も用いられています．

　工場や設備の計画，緊急事態対応計画などの重要な計画はリスク分析に基づいて策定することが，製品設計と製造工程設計には FMEA を用いてリスク分析と予防処置をとることが要求されています．

　表 2.6 に，主なリスクに関わる IATF 16949 固有の要求事項を列記します．

表 2.6　主なリスクに関わる IATF 16949 固有の要求事項

主な要求事項	要求事項の概要
6.1.2.1　リスク分析	リコール，苦情等を**リスク分析**に含めること
6.1.2.2　予防処置	**リスク**の悪影響を減少させるプロセスを確立すること
6.1.2.3　緊急事態対応計画	製造工程，インフラストラクチャの設備，顧客，自然災害，IT システム等に対する**リスク**を特定し緊急事態対応計画を定めること
7.1.3.1　工場，施設及び設備の計画	工場，施設，設備計画に**リスク**の特定及び**リスク**を緩和させる方法を含めること
7.2.3　内部監査員の力量 7.2.4　第二者監査員の力量	QMS 監査員はリスクに基づく考え方を含む自動車産業プロセスアプローチの理解，製造工程監査員は工程**リスク分析**（**PFMEA のような**）の理解を実証できること
7.3.1　認識―補足	全ての従業員が不適合製品に関わる顧客の**リスク**を認識すること
8.3.2.1　設計・開発の計画―補足	製品設計の**リスク分析**（**FMEA**），及び製造工程の**リスク分析**（**FMEA**，**コントロールプラン**等）に部門横断的アプローチを用いること

8.3.2.3 組込みソフトウェアをもつ製品の開発	リスクの潜在的影響に基づくソフトウェア開発能力の自己評価を行うこと
8.3.3.1 製品設計へのインプット	製品設計には**リスク及びリスクを緩和する／管理する**フィージビリティ分析の評価を含めること
8.3.3.2 製造工程設計へのインプット	製造工程設計には遭遇する**リスク**に見合う程度のポカヨケ手法の採用を含めること
8.3.3.3 特殊特性	**リスク分析（FMEAのような）**によって特殊特性を特定するプロセスを確立すること
8.3.5.1 設計・開発からのアウトプット―補足	**設計リスク分析（FMEA）**
8.3.5.2 製造工程設計からのアウトプット	**製造工程 FMEA**
8.4.1.2 供給者選定プロセス	供給者選定プロセスには途切れない供給に対する**リスク**評価を含めること
8.4.2.3.1 自動車製品に関係するソフトウェア又は組込みソフトウェアをもつ製品	リスクの潜在的影響に基づくソフトウェア開発能力の自己評価の実施をサプライヤーに要求すること
8.4.2.4.1 第二者監査	**リスク分析**に基づいて第二者監査の方式，頻度，範囲等を決定する文書化した基準をもつこと
8.4.2.5 供給者の開発	供給者開発の優先順位，方式等を決定するためのインプット情報に，**リスク分析**を含めること
8.5.1.1 コントロールプラン	**設計リスク分析，製造工程のリスク分析（FMEAのような）**を反映したコントロールプランを作成すること **リスク分析（FMEA）**に影響する変更が発生した場合はコントロールプランをレビューすること
8.5.6.1 変更の管理―補足	関係する**リスク分析**の証拠を文書化すること
8.5.6.1.1 工程管理の一時的変更	一時的工程管理プロセスに，**リスク分析（FMEAのような）**に基づく内部承認を含めること
8.7.1.4 手直し製品の管理 8.7.1.5 修理製品の管理	手直し工程及び修理工程のリスク評価に，**リスク分析（FMEAのような）**の方法論を活用すること
9.1.1.2 統計的ツールの特定	適切な統計的ツールが**設計リスク分析（DFMEAのような），工程リスク分析（PFMEAのような）**に含まれていることを検証すること

9.2.2.1　内部監査プログラム	監査プログラムは**リスク**に基づいて優先順位付けすること
9.3.1.1　マネジメントレビュー―補足	**リスク**に基づいて，マネジメントレビューの頻度を増やすこと
9.3.2.1　マネジメントレビューへのインプット―補足	**リスク分析**（**FMEA のような**）で明確にされた潜在的市場不具合をインプット情報に含めること
10.3.1　継続的改善―補足	継続的改善のプロセスにリスク分析（**FMEA のような**）を含めること

用語の解説　　**FMEA**

　FMEA（Potential Failure Mode and Effects Analysis: 潜在的故障モード影響解析）は特に重要視されているコアツール（中核技法）の一つです．製品や製造工程において発生する可能性のある潜在的に存在する故障をあらかじめ予測し，実際の故障が発生する前に，その故障の発生を予防させるための解析手法です（図 2.8）．また，FMEA は製品設計（設計 FMEA）と製造工程設計（製造工程 FMEA）に適用すること，部門横断的チームによるアプローチを用いること，変更の都度見直しすることが求められています．

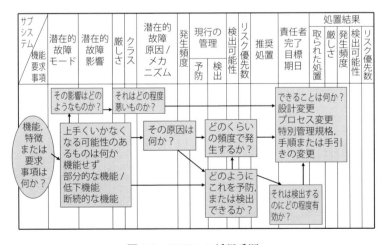

図 2.8　FMEA の活用手順

2.7 製品安全と特殊特性

▌自動車産業がリコールリスクに直面

近年，リコールの対象台数と対策費用の巨大化が進み，製品安全への信頼低下と，事業活動への影響が生じています．国土交通省に届出されたリコールの届け出件数と対象台数の推移を見ると（図2.9），大幅な増加傾向を示していることがわかります．2010年代の届け出件数を1990年代と比較すると約6倍に増加し，対象台数は約5倍に増加しています．リコール問題は自動車メーカーに留まらず，部品・部材メーカーにも大きな影響が及んでいて，海外においてもこの増加傾向は同様です．今，自動車産業が巨大なリコールリスクに直面しているといわれています．

▌リコール増加の要因

リコールの増加要因は，コストダウンのための複数車種での共通部品の採用による大量発注，性能の多様化と高度化，開発期間の短縮化や社会的な製品安全意識の高まりによるものといわれています．国土交通省による届出事例の分析によると（図2.10），設計責任が57％，製造責任が36％，その他が7％となっていて設計責任の割合が製造責任よりも多くなっています．設計責任の要因は設計自体の"評価基準の甘さ"，"プログラムミス"，"開発評価の不備"等となっており，製造責任の要因は"製造工程の不適切"，"作業員のミス"と分析されていています．リコール問題を発生させないためには製品設計開発プロセスと製造工程設計プロセスにおける品質作り込みの一層の強化が求められます．

▌製品安全

IATF 16949では，顧客に危害，危険を与えないことを確実にする設計や製造に係る法令・規制要求事項や基準などの規範のことを"製品安全"と呼び，以下の手順で製品設計，製造工程設計及び製造工程の運用管理を確実にするプロセスを定めることが"4.4.1.2 製品安全"で求められています．

① 法令・規制要求事項に関する製品安全要求事項の特定

② 設計FMEAによるリスク分析と特別承認

③ 製品特性，製造工程パラメータの決定

④ 製造工程FMEA，コントロールプランへの折り込みと特別承認

⑤ 製品及び製造要員への特別な教育訓練（資格認定を含む）

⑥ サプライチェーン全体にわたる製品安全要求事項の伝達

⑦ サプライチェーン全体にわたる製造ロット単位でのトレーサビリティ

⑧ 製品，製造工程変更時のFMEAによる再評価ほか

▎特殊特性

"製品安全"に関わる製品特性や工程パラメータのことを"特殊特性"と呼び，以下の手順で管理することが"8.3.3.3 特殊特性"で求められています．

① 特殊特性はリスク分析によって特定すること

② 特殊特性は設計図，FMEA，コントロールプラン，作業者指示書等の管理文書に誰でも判別できるように特殊特性記号で識別表示すること

自動車メーカーにとって最も重要視する特性は，安全や法令・規制要求事項に影響する特性ですから，仕様書や設計図で特殊特性を特定して組織に伝えるとともに，特殊特性は特殊特性記号（▽，▽，等）を関連文書に表示することや管理方法を定めることを顧客固有要求事項でサプライヤーに要求しています．

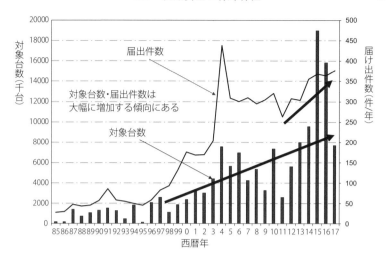

出典：国土交通省自動車交通局「平成29年度　リコール届出内容の分析結果について（平成31年3月）」

図2.9　リコールの届出件数と対象台数の推移

リコールの原因（年）	2013	2014	2015	2016	2017	平均
設計責任（%）	60	64	54	52	55	57
製造責任（%）	40	34	35	34	38	36

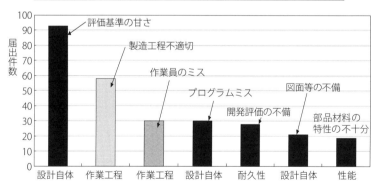

出典：国土交通省自動車交通局「平成29年度　リコール届出内容の分析結果について（平成31年3月）」

図2.10　リコールの要因分析

2.8 設計開発のプロジェクト管理と APQP

IATF 16949 では新製品の設計・開発のプロジェクトマネジメントを,
　① 部門横断的アプローチを用いて行うこと,
　② 設計・開発プロセスの各ステージに設定した管理項目の評価結果を,
　　トップマネジメントがレビューすること
が "8.3.2.1 設計・開発の計画—補足" と "8.3.4.1 監視" で求められています.

　新製品の設計・開発プロジェクトを運営管理するプロセスを APQP
(Advanced Product Quality Planning：先行製品品質計画) プロセスと呼び,
特に重要視されているコアツール (中核技法) の一つです. AIAG 発行のコア
ツールマニュアル "APQP 及びコントロールプラン" にその運営方式の指針が
示されています. 指針の内容は, APQP プロセスの各ステップ, 各ステップ
の実施事項, 各ステップへのインプットとアウトプット, 及び APQP プロセ
スの継続的改善の考え方となっています (図 2.11).

　プロジェクトマネジメントの手法は, 図 2.12 に示すように節目管理, フェー
ズ管理, ゲート管理等があり, 節目ごとに設定した管理項目の目標に対する達
成度合を評価し, 次のステップへの移行可否を判断する仕組みを用いて, プロ
ジェクトの進捗管理が行われます (プロジェクトマネジメントと要求事項との
関連性については第 3 章の箇条 8.3 を参照してください).

APQP マニュアル

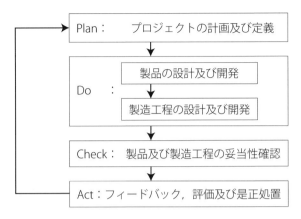

図 2.11　APQP 指針の概要

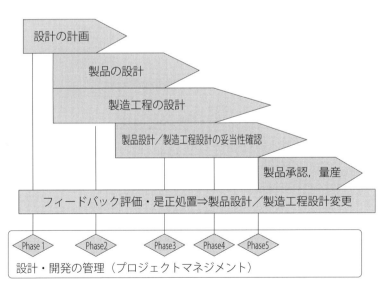

図 2.12　プロジェクトマネジメントの手法

2.9 製造工程設計とコントロールプラン

　IATF 16949 では，製造工程で管理する必要のある製品特性や製造工程パラメータを“コントロールプラン”に定めて管理することが求められています．中でも特に重要な特性は“特殊特性”に指定して重点管理することが“8.5.1.1 コントロールプラン”で要求されています．

　コントロールプランは，製造工程設計からのアウトプット文書であり，文書間の流れは，図 2.13 のようになっています．

　コントロールプランは工程番号ごとに，工程名，使用する設備，管理対象のパラメータ特性，規格／許容値，測定方法と記録管理方法，対応処置計画等を記載した一覧表（図 2.14）です．日本では管理工程図，QC 工程表等と呼ばれ，製造工程を管理する基準文書として広く活用されています．

　コントロールプランは部品番号ごとに作成することが要求されていますが，同じ工場の同じ製造工程で生産される同じ種類の製品グループはファミリーとして一つのコントロールプランを用いることができます．

　コントロールプランは製品ライフサイクルを通して維持され利用されるものなので，製造工程，管理特性，検査方法等を変更する場合には，レビューして更新することが必要です．

　なお，コントロールプランの手法，フォーマット，作成要領は AIAG 発行のコアツールマニュアル“APQP 及びコントロールプラン”に記載されています．

図 2.13　コントロールプランの文書間のつながり

コントロールプラン番号	Q123-667		連絡先	田中太郎（技師長）443-3451-1234			日付：2020, 4, 4	
部品名・番号	KK6X・11256-553SA		コアチーム：B3加藤, G3斎藤, H6高橋, K1					Rev3
工場名	JS工業（株）　富士工場		承認	大川2019,2,4		組織コード	AP665	

工程No	工程名作業名	機械装置	管理特性			特殊特性	方法					対応処置計画
			No	製品	工程		製品/工程の規格値	測定方法	サンプルサイズ	サンプル頻度	管理方法	
:	:	:	:	:	:	:	:	:	:	:	:	:
5	浸炭焼入れ焼き戻し	真空バッチ炉2号機	硬度			A	60HRC以上	ロックウェル硬度計	3	バッチ毎	メジアン管理図	品質異常処理基準書
			組織			B	限度見本	金属顕微鏡	1		工程確認シート	
			外観			B	限度見本(錆、しみ無き事)	目視	3			
					ガス流量	B	1.0〜1.2l/min	流量計	1	シフト毎	設備点検記録表	
					油温度	B	125〜130℃	温度計	1			
:	:	:	:	:	:	:	:	:	:	:	:	:

図 2.14　コントロールプラン（例）

2.10　工程管理と SPC

　IATF 16949 では製造工程の管理に適切な統計的ツールを用いることが求められています．統計的工程管理のことを SPC（Statistical Process Control）と呼び，特に重要視されているコアツール（中核技法）の一つです．統計的工程管理は工程能力の把握，製品特性の検証，ばらつきと無駄の削減をテーマとした継続的改善活動等に使用されます．統計的工程管理の要求事項を，実際の業務に活用する順番に示すと表 2.7 のようになります．

　主な統計的手法とツールを表 2.8 に，管理図の代表的なツールとして $\overline{X}$-R 管理図を図 2.15 に示します．

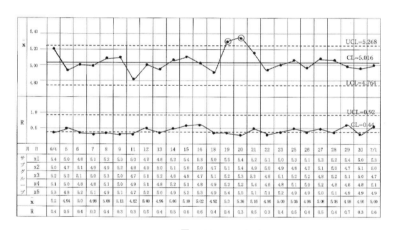

図 2.15　$\overline{X}$-R 管理図（例）

表 2.7 統計的工程管理の要求事項とその手順

No.	主な要求事項	該当する箇条
1	製品設計／製造工程設計段階で FMEA 等のリスク分析に基づいて統計的ツールを決め，FMEA 及びコントロールプランに記載する．	9.1.1.2 統計的ツールの特定
2	不安定な工程や工程能力不足の工程に対して判断基準と対応計画（封じ込め処置，全数検査への変更等）を定めコントロールプランに記載する．	9.1.1.1 製造工程の監視及び測定
3	統計的ツールを活用するプロセスの従業員にばらつきや工程能力等の統計概念を理解させ，統計的ツールを使用させる．	9.1.1.3 統計概念の適用
4	工程管理に使用し，取り決めた製造工程能力を維持する．	9.1.1.1 製造工程の監視及び測定
5	統計的に能力不足又は不安定な特性に対してコントロールプランに記載された対応計画（封じ込め処置，全数検査への変更等）を行う．	
6	継続的改善（工程ばらつき及び無駄の削減）を行う．	10.3.1 継続的改善—補足

表 2.8 統計的手法と主なツール

統計的手法	目的	主なツール
管理図	工程が統計的に安定しているかどうかを判断する手法	[計量値管理図] $\overline{X}$-R 管理図，メジアン管理図，他 [計数値管理図] p 管理図，u 管理図，c 管理図，他
工程能力分析	工程が規格値を満たす能力を判断する手法	C_p（工程能力指数） P_p（工程性能指数）

2.11 製造工程の監視と MSA

▌製造工程の監視

　組織は，全ての製造工程が工程能力を満たし，管理状態にあることを保証するために，"9.1.1.1　製造工程の監視及び測定"で監視方法と管理方法，及び工程能力不足があった場合の対応計画をコントロールプランに規定することが求められています．FMEA によるリスク分析で特定した管理方法に基づいて原材料の仕様確認，寸法・硬度・トルク等の特性や性能検査，最終検査で行う検査方法や統計的ツールをコントロールプランに規定し，維持しなければなりません．

▌MSA：測定システム解析

　製品の特性を検査するために用いられる測定器やゲージ，標準，作業，方法，治具，ソフトウェア，要員，環境等の総称を"測定システム"と呼びます．測定システムは様々な変動源の影響を受け，繰り返し読み取られた値が同一の結果になるとは限りません．測定システムは，測定器，測定者，測定方法等によって測定データは影響を受け，その結果測定値が変動するからです．

　測定システム全体の変動が，測定対象の特性（長さ，質量，硬度，濃度，電流，電圧，他）の測定に適しているかどうかを判断するために，測定システムを評価することが"7.1.5.1.1 測定システム解析"で求められます．測定システムの変動が大きいと，不適合と判断されるべき測定値が適合の測定値として得られてしまうことが起きるからです．

　この測定システム解析は MSA（Measurement System Analysis）と呼ばれ，特に重要視されているコアツール（中核技法）の一つです．測定システム解析（MSA）はコントロールプランに記載された測定システムに対して行うことが要求されています．

　測定値が変動する要素は"偏り"，"安定性"，"直線性"，"繰返し性"，"再現性"の五つですが，測定システムは統計的に安定していることが条件となるこ

とから，測定システム解析（MSA）は"繰返し性"と"再現性"（下記の用語
の解説を参照）を併せた評価指標として"ゲージR&R"を用いて測定システ
ムの能力を評価します．

測定システム変動の許容基準は製造工程変動又は部品公差に対する測定シス
テム変動の百分率で表されます．AIAG が発行しているコアツールマニュアル
"MSA（Measurement System Analysis）"では，測定システムの許容基準
の一般的な指針として表 2.9 が示されています．

表 2.9　測定システムの許容基準の指針

ゲージR&R	判断（閾値ではない）	コメント
誤差10%未満	受け入れられる	推奨される
誤差10%以上30%以下	受け入れられることがある	特性の重要性、測定装置のコスト等に基づき判断する．個客承認を得る．
誤差30%超	受け入れられない	改善努力を要する

用語の解説　**繰返し性，再現性**

"繰返し性（Repeatability）"：

1 人の測定者が一つの測定装置を用いて同じ部品の同じ特性を数回にわたっ
て測定したときに得られる測定値の変動

"再現性（Reproducibility）"：

異なる測定者が同じ測定装置を用いて同じ部品の同じ特性を数回にわたって
測定したときに得られる測定値の変動

2.12 量産開始と PPAP

　製品設計と製造工程設計が全て完了し，量産品を出荷する前に顧客の承認を得ることが求められます．組織は顧客要求事項を全て満たした製品を一貫して製造する能力を達成していることを顧客に実証し，顧客が評価し，組織に承認を与える重要なプロセスで“8.3.4.4　製品承認プロセス”に要求事項として規定されています．製品承認プロセスは，顧客ごとに要求事項が異なりますので，顧客固有要求事項に適合する製品承認プロセスを確立し，実施し，維持しなければなりません．

　IATF の OEM であるビッグ 3 は製品承認プロセスを PPAP（Production Part Approval Process：生産部品承認プロセス）と呼び，AIAG 発行のコアツールマニュアル“PPAP”に従うことが顧客固有要求事項で求められています．PPAP は特に重要視されているコアツール（中核技法）の一つで，顧客に提出する文書類は申請書である“部品提出保証書”に，下記のエビデンスを添付して申請することになります．

▍ PPAP のエビデンス

　設計文書，設計 FMEA，プロセスフロー図，工程 FMEA，測定システム解析結果（MSA），寸法測定結果，材料・性能試験結果，初期工程調査，有資格試験所文書，サンプル製品，マスターサンプル，検査補助具，顧客固有要求事項への適合の記録，等の書類

▍ 変更時の再承認手続き

　製品承認プロセスは，初回の承認を得た後に設計変更や工程変更が発生した場合，または特別採用，手直しや修理が発生した場合にも，初回で承認された条件と異なることから再度の顧客承認を得なければなりません．

第3章

規格要求事項の概要

3.1 IATF 16949 の全体像

IATF 16949:2016 は ISO 9001:2015 の上位構造として扱われますので，IATF 16949:2016 は ISO 9001:2015 と一緒に使用されなければならず，二つの個別文書を併せて全ての要求事項をもつようになっています．

また，CSR（顧客固有要求事項）がある場合，該当する箇条に更に要求事項が追加されます．

要求事項は英語で "shall…" で記述され "…しなければならない" と訳され，ISO 9001:2015 には 126 項目の "shall" が，IATF 16949:2016 には 282 項目の "shall" があります．

▌継続的改善と顧客満足

IATF 16949 は，顧客要求事項を完全に満たした製品を供給すること，継続的改善によって顧客満足度を向上させることが強調されており，顧客と品質マネジメントシステムとは図 3.1 のような関係になっています．

▌適用範囲

IATF 16949 は IATF メンバーの自動車メーカーがサプライヤーに要求する認証規格なので，適用範囲は自動車産業のサプライチェーンとなっています．認証に適用される組織は，自動車に組み込まれる部品や材料を製造しているメーカー，熱処理や塗装といった加工サービスを提供する組織となります．自動車に組み込まれない生産設備や計測機器のメーカー，生産工場をもたないエンジニアリング会社等には適用されません．

▌IATF 16949 で強化された主な要求事項

IATF 16949:2016 は旧規格 ISO/TS 16949:2009 に対して主に以下の内容が強化されました．

- ・共通要素となり得る顧客固有要求事項
- ・製品とプロセスの安全に係る要求事項
- ・最新の規制要求事項を支援する製品トレーサビリティ要求事項

・ソフトウェアが組み込まれた製品に係る要求事項

・サプライヤーマネジメントとその開発要求事項の明確化ほか

▌要求事項の構造

IATF 16949 の品質マネジメントシステム要求事項の構成は，ISO 9001:2015 を基準にして，自動車産業固有の要求事項が細分箇条として追加された構造となっています（表3.1）．

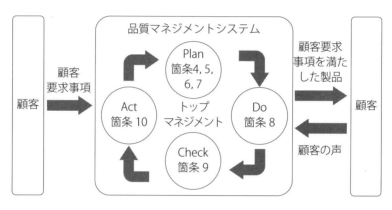

図3.1 顧客と QMS の継続的改善

表3.1　品質マネジメントシステム要求事項の構成

ISO 9001:2015	IATF 16949:2016
4. 組織の状況 　4.1　組織及びその状況の理解 　4.2　利害関係者のニーズ及び期待の理解	
4.3　品質マネジメントシステムの適用範囲 　　　の決定	4.3.1　品質マネジメントシステムの適用範囲 　　　　の決定―補足 4.3.2　顧客固有要求事項
4.4　品質マネジメントシステム及びそのプ 　　　ロセス	
4.4.1	4.4.1.1　製品及びプロセスの適合 4.4.1.2　製品安全
4.4.2	
5　リーダーシップ 　5.1　リーダーシップ及びコミットメント	
5.1.1　一般	5.1.1.1　企業責任 5.1.1.2　プロセスの有効性及び効率 5.1.1.3　プロセスオーナー
5.1.2　顧客重視	
5.2　方針 　　5.2.1　品質方針の確立 　　5.2.2　品質方針の伝達	
5.3　組織の役割，責任及び権限	5.3.1　組織の役割，責任及び権限―補足 5.3.2　製品要求事項及び是正処置に対する責 　　　　任及び権限
6　計画 　6.1　リスク及び機会への取組み 　　6.1.1	
6.1.2	6.1.2.1　リスク分析 6.1.2.2　予防処置 6.1.2.3　緊急事態対応計画
6.2　品質目標及びそれを達成するための計 　　　画策定 　　6.2.1	
6.2.2	6.2.2.1　品質目標及びそれを達成するための計 　　　　　画策定―補足
6.3　変更の計画	
7　支援 　7.1　資源 　　7.1.1　一般 　　7.1.2　人々	
7.1.3　インフラストラクチャ	7.1.3.1　工場，施設及び設備の計画

7.1.4　プロセスの運用に関する環境	7.1.4.1　プロセスの運用に関する環境―補足
7.1.5　監視及び測定のための資源 　　7.1.5.1　一般 　　7.1.5.2　測定のトレーサビリティ	 7.1.5.1.1　測定システム解析 7.1.5.2.1　校正 / 検証の記録 7.1.5.3　試験所要求事項 　　7.1.5.3.1　内部試験所 　　7.1.5.3.2　外部試験所
7.1.6　組織の知識	
7.2　力量	7.2.1　力量―補足 7.2.2　力量―業務を通じた教育訓練（OJT） 7.2.3　内部監査員の力量 7.2.4　第二者監査員の力量
7.3　認識	7.3.1　認識―補足 7.3.2　従業員の動機付け及びエンパワーメント
7.4　コミュニケーション	
7.5　文書化した情報 　　7.5.1　一般	 7.5.1.1　品質マネジメントシステムの文書類
7.5.2　作成及び更新 　　7.5.3　文書化した情報の管理 　　　7.5.3.1	
7.5.3.2	7.5.3.2.1　記録の保管 7.5.3.2.2　技術仕様書
8　運用 　8.1　運用の計画及び管理	 8.1.1　運用の計画及び管理―補足 8.1.2　機密保持
8.2　製品及びサービスに関する要求事項 　　8.2.1　顧客とのコミュニケーション	 8.2.1.1　顧客とのコミュニケーション―補足
8.2.2　製品及びサービスに関連する要求事 　　　　項の明確化	8.2.2.1　製品及びサービスに関する要求事項の 　　　　明確化―補足
8.2.3　製品及びサービスに関連する要求事 　　　　項のレビュー 　　　8.2.3.1	8.2.3.1.1　製品及びサービスに関する要求事項 　　　　のレビュー―補足 8.2.3.1.2　顧客指定の特殊特性 8.2.3.1.3　組織の製造フィージビリティ
8.2.3.2 　　8.2.4　製品及びサービスに関する要求事項 　　　　の変更	
8.3　製品及びサービスの設計・開発 　　8.3.1　一般	8.3.1.1　製品及びサービスの設計・開発―補足
8.3.2　設計・開発の計画	8.3.2.1　設計・開発の計画―補足 8.3.2.2　製品設計の技能 8.3.2.3　組込みソフトウェアをもつ製品の開発
8.3.3　設計・開発へのインプット	8.3.3.1　製品設計へのインプット 8.3.3.2　製造工程設計へのインプット 8.3.3.3　特殊特性

8.3.4　設計・開発の管理	8.3.4.1　監視 8.3.4.2　設計・開発の妥当性確認 8.3.4.3　試作プログラム 8.3.4.4　製品承認プロセス
8.3.5　設計・開発からのアウトプット	8.3.5.1　設計・開発からのアウトプット—補足 8.3.5.2　製造工程設計からのアウトプット
8.3.6　設計・開発の変更	8.3.6.1　設計・開発の変更—補足
8.4　外部から提供されるプロセス，製品及びサービスの管理 　　8.4.1　一般	8.4.1.1　一般—補足 8.4.1.2　供給者選定プロセス 8.4.1.3　顧客指定の供給者（“指定購買”としても知られる）
8.4.2　管理の方式及び程度	8.4.2.1　管理の方式及び程度—補足 8.4.2.2　法令・規制要求事項 8.4.2.3　供給者の品質マネジメントシステム開発 　　8.4.2.3.1　自動車製品に関係するソフトウェア又は組込みソフトウェアをもつ製品 8.4.2.4　供給者の監視 　　8.4.2.4.1　第二者監査 8.4.2.5　供給者の開発
8.4.3　外部提供者に対する情報	8.4.3.1　外部提供者に対する情報—補足
8.5　製造及びサービス提供 　　8.5.1　製造及びサービス提供の管理	8.5.1.1　コントロールプラン 8.5.1.2　標準作業—作業者指示書及び目視標準 8.5.1.3　作業の段取り替えの検証 8.5.1.4　シャットダウン後の検証 8.5.1.5　総合的生産保全 8.5.1.6　生産治工具，並びに製造，試験，検査治工具及び設備の運用管理 8.5.1.7　生産計画
8.5.2　識別及びトレーサビリティ	8.5.2.1　識別及びトレーサビリティ—補足
8.5.3　顧客又は外部提供者の所有物	
8.5.4　保存	8.5.4.1　保存—補足
8.5.5　引渡し後の活動	8.5.5.1　サービスからの情報のフィードバック 8.5.5.2　顧客とのサービス契約
8.5.6　変更の管理	8.5.6.1　変更の管理—補足 　　8.5.6.1.1　工程管理の一時的変更
8.6　製品及びサービスのリリース	8.6.1　製品及びサービスのリリース—補足 8.6.2　レイアウト検査及び機能試験 8.6.3　外観品目

	8.6.4 外部から提供される製品及びサービスの検証及び受入 8.6.5 法令・規制への適合 8.6.6 合否判定基準
8.7 不適合なアウトプットの管理 　8.7.1	8.7.1.1 特別採用に対する顧客の正式許可 8.7.1.2 不適合製品の管理—顧客規定のプロセス 8.7.1.3 疑わしい製品の管理 8.7.1.4 手直し製品の管理 8.7.1.5 修理製品の管理 8.7.1.6 顧客への通知 8.7.1.7 不適合製品の廃棄
8.7.2	
9　パフォーマンス評価 　9.1 監視，測定，分析及び評価 　　9.1.1 一般	9.1.1.1 製造工程の監視及び測定 9.1.1.2 統計的ツールの特定 9.1.1.3 統計概念の適用
9.1.2 顧客満足	9.1.2.1 顧客満足—補足
9.1.3 分析及び評価	9.1.3.1 優先順位付け
9.2 内部監査 　　9.2.1 　　9.2.2	9.2.2.1 内部監査プログラム 9.2.2.2 品質マネジメントシステム監査 9.2.2.3 製造工程監査 9.2.2.4 製品監査
9.3 マネジメントレビュー 　　9.3.1 一般	9.3.1.1 マネジメントレビュー—補足
9.3.2 マネジメントレビューへのインプット	
9.3.3 マネジメントレビューからのアウトプット	9.3.3.1 マネジメントレビューからのアウトプット—補足
10　改善 　10.1 一般	
10.2 不適合及び是正処置 　　10.2.1	
10.2.2	10.2.3 問題解決 10.2.4 ポカヨケ 10.2.5 補償管理システム 10.2.6 顧客苦情及び市場不具合の試験・分析
10.3 継続的改善	10.3.1 継続的改善—補足 附属書A：コントロールプラン 附属書B：参考文献—自動車産業補足

3.2　箇条1～3の概要

　箇条1（適用範囲）では，品質マネジメントシステム規格の適用範囲を規定しています．

　箇条2（引用規格）では，この規格の一部を構成するために引用している関連規格について規定しています．

　箇条3（用語及び定義）では，この規格で用いる主な用語とその定義について規定しています．

　下記に，主なIATF 16949固有の規定を列記します．

主な要求事項	要求事項の概要
1.1　適用範囲—ISO 9001:2015に対する自動車産業補足	IATF 16949は自動車に関係する製品の品質マネジメントシステム要求事項を定めたもの． サイト（工場）とその支援機能に適用される． 自動車産業サプライチェーン全体の部品，素材製造事業者にわたって適用できる． ＜解説＞ IATF 16949はサイト（生産事業所）が認証の対象です．IATF 16949の認証取得はIATFに加盟しているOEM（自動車メーカー）が直接取引のあるTier 1メーカーに要求しているものですが，IATF加盟のOEMとの取引がなくとも，自動車産業のサプライチェーン全体に適用することができます． ＜用語の解説＞ 自動車メーカーが生産する自動車に組み込まれる，又は車載される製品が対象となります．したがって，自動車メーカーの純正部品ではない，後付けされるマフラーやシート等のアフターマーケット部品には適用されません． ここで，**自動車**とは，乗用車，小型商用車，大型トラック，バス，自動二輪車です．産業用車両，農業用車両，オフハイウェイ車両（鉱業用，林業用，建設業用）には適用されません．

2　引用規格 2.1　規定及び参考の引用	附属書A（コントロールプラン）はIATF 16949の要求事項である. 附属書B（参考文献―自動車産業補足）は，参考で追加情報を提供するものである.
3.1　自動車産業の用語及び定義	自動車産業の用語及び定義として41アイテム掲載されています．その他の用語と定義は，ISO 9000:2015が用いられます．特に重要な用語については，本文第3章の各箇条の要求事項の概要説明の中で，＜用語の解説＞に取り上げて記載しました.

3.3　箇条4の概要

　箇条4（組織の状況）では，品質マネジメントシステムの適用範囲（表3.2）を決定すること，及び品質マネジメントシステムとそのプロセスを確立して継続的改善を行うことが求められています（第5章 "5.5　プロセスマップとプロセスの定義" を参照）．

表3.2　適用範囲

適用範囲の区分	説明
事業所	サイト（工場）と，そのサイトを支援している全ての遠隔地支援部門［例えば，本社，技術センター，営業所や支店，製品保管倉庫（デポ）等］
製品	自動車産業向けに製造している全ての製品
適用規格	ISO 9001，IATF 16949，自動車産業向け取引先全ての顧客固有要求事項

　下記に，主な IATF 16949 固有の要求事項を列記します．

主な要求事項	要求事項の概要
4.3.1　品質マネジメントシステムの適用範囲の決定─補足	支援部門（製品設計等）はサイト（工場）内だけでなく遠隔地にあるものも適用範囲に含めること． IATF 16949 の要求事項の適用を除外できるのは，顧客（発注元）から設計図を提供されている場合の ISO 9001 "8.3　製品及びサービスの設計・開発" における製品の設計・開発に関連する要求事項だけである． ＜用語の解説＞ **サイト**とは，価値を付加する製造工程を有する事業所（工場）のことです． **遠隔地支援部門**とは，サイトを支援する製造工程のない事業所で，本社，テクニカルセンター，営業所，倉庫などが該当します．

4.3.2　顧客固有要求事項	顧客固有要求事項は，IATF 16949 の要求事項の一部として組織の品質マネジメントシステムに含めること． **＜用語の解説＞** **顧客固有要求事項**とは IATF 16949 の特定の箇条にリンクして顧客が規定した解釈又は補足の要求事項のことです．
4.4　品質マネジメントシステム及びそのプロセス 4.4.1 4.4.1.1　製品及びプロセスの適合	すべての製品とプロセスが，（アウトソース先の管理を含めて）顧客要求事項と法令・規制要求事項を満たしていることを確実にすること． **＜用語の解説＞** **アウトソース**したプロセスとは，組織の一部の機能や工程を外部組織に実施させているプロセスで，外注している製品の輸送，塗装工程，熱処理工程などが該当します．
4.4.1.2　製品安全	製品や製造工程の運用にあたって，製品安全を実現するための文書化するプロセスを定めること． このプロセスには，製品安全に関係する法令・規制要求事項の特定，製品安全に関係する特性の特定と管理，FMEA とコントロールプランの特別承認，上申プロセス，サプライチェーン全体にわたる製品安全要求事項の伝達，製品トレーサビリティ等を含めること． **＜用語の解説＞** ここでの**製品安全**とは，顧客に危害や危険を与えないことを確実にする製品設計と製造に対する規範（基準，規格，標準類）のことです．

3.4 箇条5の概要

　箇条5（リーダーシップ）では，品質マネジメントシステムを評価し改善するため，及び顧客要求事項が満たされることを確実にするためにトップマネジメントが果たすべき役割が求められています．

　下記に，主なIATF 16949固有の要求事項を列記します．

主な要求事項	要求事項の概要
5.1.1.1　企業責任	組織として企業責任方針を定めて実施すること．
5.1.1.2　プロセスの有効性及び効率	トップマネジメントが，品質マネジメントシステムの有効性と効率をレビューすること．
5.1.1.3　プロセスオーナー	トップマネジメントが，プロセスとアウトプットをマネジメントするプロセスオーナーとなる職位，立場を特定すること．
5.3.1　組織の役割，責任及び権限―補足 5.3.2　製品要求事項及び是正処置に対する責任及び権限	トップマネジメントが，顧客要求事項が満たされることを確実にするため，特殊特性の選定，品質目標の設定，是正処置と予防処置，製品の設計開発，生産能力分析，顧客スコアカード等に責任権限をもつ要員を任命すること． 製品要求事項への責任者には出荷停止及び生産停止権限を持たせること．

3.5　箇条 6 の概要

　箇条 6 の"6.1　リスク及び機会への取組み"では，まず ISO 9001 の要求事項として，品質マネジメントシステムの計画策定にあたり，内部及び外部の課題（箇条 4.1），利害関係者とその要求事項（箇条 4.2）を考慮してリスクと機会を決定することが求められています．IATF 16949 では顧客への製品供給を確実にするためのリスク分析の実施と予防処置が追加されています．

　リスクと機会を抽出して戦略的課題と目標を設定するための手法として，最近では Strength（強み），Weakness（弱み），Opportunity（機会），Threat（脅威）の四つをマトリックスで現状分析する"SWOT 分析"（表 3.3）が使用されています．

　また，箇条 8 の製品実現では，リスク分析の手法として FMEA を使用することが要求されています．

表 3.3　SWOT 分析手法

	プラス要因	マイナス要因
内部環境 （新製品や成長性，顧客の追加，生産品目の集約，事業所の移転，人員不足，等）	**Strength（強み）** →自社の強みを使って，機会を活かすことを考えます． （強みには，知名度，ブランド力，価格，品質，立地，サービス，技術力等があります）	**Weakness（弱み）** →自社の弱みを補強し，機会を活かす方法を考えます．
外部環境 （市場規模や成長性，競合他社，景気や経済，政治，法律などの状況）	**Opportunity（機会）** →自社の強みを活かして，脅威による影響を避けたり，または機会として活かすことを考えます．	**Threat（脅威）** →自社の弱みを理解し，脅威による影響を避ける，または最小限にすること考えます．

下記に，主な IATF 16949 固有の要求事項を列記します．

主な要求事項	要求事項の概要
6.1.2.1　リスク分析	リスク分析には，リコールから学んだ教訓，製品監査，市場からの回収品や修理製品，苦情，スクラップ，手直しの情報を含めて実施すること．
6.1.2.2　予防処置	起こり得る不適合とその原因を特定し，対策の実施，その効果を検証し，リスクを減少させるプロセスを定めること．
6.1.2.3　緊急事態対応計画	顧客への製品供給に支障の起こりそうな事態を分析し，そうした緊急事態への対応計画を準備し，定期的にテストすること． 主要設備の故障，繰り返される自然災害，IT システムへのサイバー攻撃，労働力不足等に対し，供給を継続するための緊急事態対応計画を準備すること． 生産設備を再稼働させる場合や，正規のシャットダウンプロセスがとられなかった場合には，製品の出荷前に改めて要求事項が満たされているかの確認を行うこと． ＜用語の解説＞ **生産シャットダウン**とは，製造工程が稼働していない状態のことで，夏季休暇などのように計画的に製造を停止する場合と，落雷等の自然災害で突発的に停止する場合があります．
6.2.2.1　品質目標及びそれを達成するための計画策定―補足	組織全体にわたって品質マネジメントシステムに関連する全ての機能，プロセス及び階層に，顧客要求事項を実現するための品質目標を定め維持すること．

3.6　箇条 7 の概要

　箇条 7（支援）では，法令・規制要求事項を含む顧客要求事項を満たした製品を計画し，実現し，顧客に提供するために必要な支援（資源，力量，文書類等）を提供することが求められています．

　下記に，主な IATF 16949 固有の要求事項を列記します．

主な要求事項	要求事項の概要
7.1.3.1　工場，施設及び設備の計画	工場，施設及び設備の計画にはリスク分析も含めて部門横断的なアプローチを行うこと． 製造フィージビリティ評価と生産能力評価を行い，マネジメントレビューで検討すること．
7.1.5.1.1　測定システム解析（MSA）	コントロールプランに規定された測定システムに対して，統計的調査を行う．使用する解析手法及び合否判定基準は，測定システム解析に関するレファレンスマニュアルに適合させること． ＜用語の解説＞ **測定システム解析**とは，測定ばらつき（繰返し性，再現性等）の大きさが真の値に対してどの程度影響するのかを解析し，評価することです．
7.1.5.2.1　校正／検証の記録	校正／検証の活動と記録を管理するプロセスを定めること． 校正規格外れの値，規格外れによる製品リスク評価，過去の測定結果に対する妥当性評価，疑わしい製品が出荷された場合の顧客への通知，ソフトウェアの検証等の活動と記録を確実にすること．

7.1.5.3　試験所要求事項 7.1.5.3.1　内部試験所 7.1.5.3.2　外部試験所	組織内部で機器の校正や試験を行う試験所施設（内部試験所）は，試験所適用範囲を定めること． 校正や試験を外注する場合（外部試験所）は，ISO/IEC 17025 に認定されている外部試験所に依頼すること． ＜認証準備のポイント＞ ISO/IEC 17025 の認定試験所は数が少なく納期に制約が生じやすいこと，また，費用が割高になることから予算計画と早めの発注が肝要です． ＜用語の解説＞ 試験所適用範囲とは，①試験所の認定範囲（試験，評価，校正），②設備のリスト，③実施するための方法や規格のリストを含む品質マネジメントシステム文書です．
7.2.1　力量―補足 7.2.2　力量―業務を通じた教育訓練（OJT）	要員に求められる知識や技能と達成すべき実務への適用能力を明確にするプロセスを定め，維持すること． 品質要求事項，法令・規制要求事項等に影響するプロセスの要員に対して，業務を通じた教育訓練（OJT）を提供すること．
7.2.3　内部監査員の力量 7.2.4　第二者監査員の力量	内部監査員及び二者監査員は，ISO 9001 及び IATF 16949 要求事項，顧客固有要求事項，コアツール，自動車産業プロセスアプローチ等を理解していること． ＜用語の解説＞ 第二者監査とは，組織がサプライヤーなどの外部組織に行う監査のことです．
7.3.1　認識―補足 7.3.2　従業員の動機付け及びエンパワーメント	従業員が製品品質へ及ぼす影響や品質に関する活動の重要性について従業員が認識していることを示すことができること． 従業員を動機付けするプロセスを維持すること． ＜要求事項の解説＞ 従業員を動機づける活動には，人事評価制度，資格認定制度，表彰制度，小集団活動などがあります．エンパワーメントとは責任や権限を与えるなどして個人の能力を発揮しやすくすることです．

7.5.1.1 品質マネジメントシステムの文書類	品質マネジメントシステムを文書化した品質マニュアルによって定めること. **＜要求事項の解説＞** ISO 9001:2015 では"品質マニュアル"の要求事項はなくなりましたが，IATF 16949:2016 では品質マネジメントシステムを実証するための文書として引き続き要求事項となっています.
7.5.3.2.1 記録の保管	法令・規制要求事項，及び顧客要求事項を含む記録保管方針を定めて管理する.
7.5.3.2.2 技術仕様書	顧客からの技術規格／仕様書（及びその改訂時にも）のレビュー，配布，実施について文書化したプロセスを定めること.

3.7　箇条 8 の全体像と箇条 8.1 の概要

　箇条 8（運用）では，顧客要求事項及び法令・規制要求事項を完全に満たした製品を実現し，顧客に提供するプロセスの要求事項で，図 3.2 のような構成になっています．

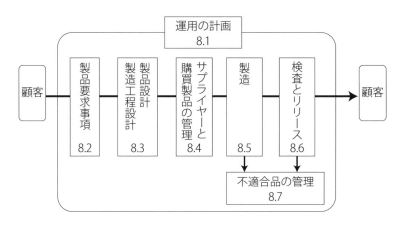

図 3.2　箇条 8 の全体構成

箇条 8 が ISO 9001 と大きく異なる点は，

1) "8.3　製品及びサービスの設計・開発"が ISO 9001 では製品設計が対象であるのに対し IATF 16949 では製品設計と製造工程設計の両方が対象となっていることです．製品設計に責任をもたない組織は適用除外することができますが，製造工程設計は適用除外することができません．

2) 各箇条の要求事項が，顧客要求事項及び法令・規制要求事項を完全に満たすことを目的として具体的かつ詳細に規定されていることです．

下記に，主な IATF 16949 固有の要求事項を列記します．

主な要求事項	要求事項の概要
8.1.1　運用の計画及び管理—補足	製品実現の計画は，顧客の製品要求事項及び技術仕様書，物流要求事項，製造フィージビリティ，プロジェクト計画，合否判断基準を含めて立案すること． **＜用語の解説＞** **製品実現の計画**とは，新製品の製品設計から量産開始に至るプロジェクト計画（設計構想書，製造計画書，節目管理計画書等）が該当します．
8.1.2　機密保持	顧客と契約した製品やプロジェクト等の機密を漏洩させないことを確実にすること． **＜要求事項の解説＞** 開発中の車の写真が盗撮されてスクープされたり，電気自動車の最先端技術情報が他国の企業に流出した産業スパイ事件が起きました．自動車のデザインや，新技術は重要な機密情報ですから，管理を確実にするための仕組みが要求されます．

3.8 箇条 8.2 の概要

"8.2　製品及びサービスに関する要求事項" では，顧客が規定したコンピューター言語や顧客と合意した言語を用いることや，製品要求事項に該当する政府の安全規制及び環境規制を含めること等が求められています．

下記に，主な IATF 16949 固有の要求事項を列記します．

主な箇条	要求事項の概要
8.2.1.1　顧客とのコミュニケーション―補足	IT システムによって情報伝達する場合には，顧客が規定したコンピューター言語や書式によること． 口頭や書面による情報伝達をする場合には顧客と合意した言語を用いること．
8.2.2.1　製品及びサービスに関する要求事項の明確化―補足	顧客に納入する製品への要求事項には，行政による安全規制や環境規制，組織が必要とみなす製造上の知見を含めること．
8.2.3.1.2　顧客指定の特殊特性	顧客が求める特殊特性への要求事項を満たすこと．
8.2.3.1.3　組織の製造フィージビリティ	顧客が求める品質の製品を量産できるかどうか部門横断的アプローチを用いて分析すること． ＜用語の解説＞ **製造フィージビリティ**とは，顧客要求事項を満たした製品の製造が可能か否か分析，評価することです．部門横断的アプローチとは，全ての利害関係者からインプットを得る方法で，関連部門で構成されたチーム活動です．

3.9　箇条 8.3 の概要

"8.3　製品及びサービスの設計・開発"の適用範囲は，製品設計と製造工程設計の両方が対象です．製品設計に責任を持たない組織は，製品設計を除外することはできますが製造工程設計を除外することはできません．

　要求事項の特徴は，顧客要求事項及び法令・規制要求事項を完全に満たした設計・開発を実現すること，そのためにリスク分析を用いて不具合の予防を重視した活動が求められています．要求事項の全体像をプロジェクトマネジメントの視点からまとめると，図 3.3 のようになります．

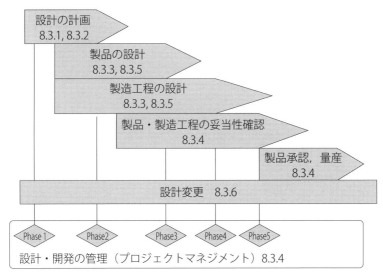

図 3.3　要求事項の概念図

下記に，主な IATF 16949 固有の要求事項を列記します．

主な箇条	要求事項の概要
8.3.1.1　製品及びサービスの設計・開発―補足	製品設計と製造工程設計に必要なプロセスを定め，実施すること． 特に，不具合の検出よりも不具合の予防を重視すること．
8.3.2.1　設計・開発の計画―補足	組織が下記のような事項に関して，部門横断的アプローチを用いて，必要な組織内外の関係者，サプライチェーン等が抜け漏れなく関与する設計・開発プロセスを定めること． プロジェクトマネジメント（APQP等）の実施，FMEA，コントロールプラン，標準作業指示書の作成等の活動
8.3.2.2　製品設計の技能	組織は，製品設計の担当者に必要な能力やツール・手法を定め，必要に応じて教育訓練の実施や力量を備えた要員を配置すること． ＜ツール・手法の解説＞ 例えば，CAD，CAM，CAE，FMEA，QFD 等が該当します．
8.3.2.3　組込みソフトウェアをもつ製品の開発	ソフトウェアが組み込まれた製品に対して品質保証のプロセスを定めること． ソフトウェア開発評価の方法論でソフトウェア開発プロセスを評価すること． このプロセスは内部監査プログラムの対象にすること．
8.3.3.1　製品設計へのインプット 8.3.3.2　製造工程設計へのインプット 8.3.5.1　設計・開発からのアウトプット―補足 8.3.5.2　製造工程設計からのアウトプット	＜解説＞ 製品設計プロセスと製造工程設計プロセスのインプットとアウトプットが具体的に規定されているので，両者の関連を含む概要を図3.4に示します．

8.3.3.3 特殊特性	部門横断的アプローチを用いて，リスク分析によって特殊特性と特定するプロセスを定め，実施すること．特殊特性は，顧客が規定した記号等を用いて設計図，FMEA，コントロールプラン，作業指示書等に識別すること． **＜用語の解説＞** **特殊特性**とは，安全や法令・規制要求事項に影響する製品特性又は工程パラメータを指します．上記以外でも組織がリスク分析で特定した特性も含まれます．
8.3.4.1 監視	あらかじめ決定した段階で製品設計，工程設計の測定項目（指標）の達成状況を分析し，マネジメントレビューへの報告事項にすること． **＜要求事項の解説＞** プロジェクトマネジメントに用いられるフェーズ管理（節目管理等）において，各フェーズで設定した管理項目の達成状況を監視することが求められています．
8.3.4.2 設計・開発の妥当性確認	顧客が求めるタイミングで設計・開発が顧客要求事項を満たしているかの妥当性確認を行うこと．
8.3.4.4 製品承認プロセス	顧客の求める製品及び製造工程の承認プロセスを定めること．初めて納入する製品や，何らかの変更が行われた製品の出荷に先立って，顧客の承認を得ること．
8.3.6.1 設計・開発の変更―補足	顧客による初回の製品承認後も，全ての設計変更による潜在的影響を評価すること．生産を実施する前に妥当性確認を実施し，内部承認及び，顧客の承認を得ること．

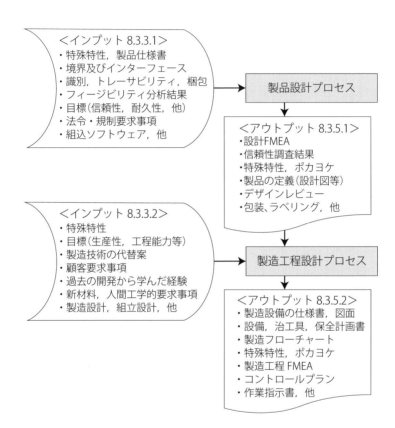

図 3.4　設計プロセスのインプット，アウトプットの関係

3.10 箇条 8.4 の概要

"8.4　外部から提供されるプロセス，製品及びサービスの管理"では，要求事項に適合した製品やサービスを購買するため，供給者の供給能力に基づく選定，法令・規制要求事項を確実にすることを含む管理方法の決定，サプライヤーの QMS 開発，パフォーマンスを監視することなどが求められています．

なお，購買には，顧客要求事項に影響する全ての製品，熱処理や表面処理等の加工，サブアッセンブリーや手直し等を行うアウトソースや機器の校正等のサービスが含まれます．

下記に主な IATF 16949 固有の要求事項を列記します．

主な箇条	要求事項の概要
8.4.1.2　供給者選定プロセス	供給者を選定するプロセスには，適合製品の供給能力に対するリスク評価，品質と納期のパフォーマンス，品質マネジメントシステム評価，ソフトウェア開発能力評価（該当する場合）等を含めること．
8.4.2.1　管理の方式と程度—補足	アウトソースしたプロセスを明確にし，購買製品が顧客要求事項を満たしていることを検証するために供給元の管理方法を決定するプロセスを定めること．
8.4.2.2　法令・規制要求事項	購買製品が適用される法令・規制要求事項を満たすことを確実にするプロセスを定めること．
8.4.2.3　供給者の品質マネジメントシステム開発	供給者に対して，IATF 16949 の認証を最終的な目標として品質マネジメントシステムを開発することをサプライヤーに要求すること．そして品質マネジメントシステム開発の最初の目標を ISO 9001 への認証取得に設定し，最終的な目標達成に向けた段階的な目標を設定すること．
8.4.2.3.1　自動車製品に関係するソフトウェア又は組込みソフトウェアを持つ製品	ソフトウェア，及びソフトウェアが組み込まれた製品の供給者に対して，ソフトウェア品質保証のためのプロセスを定め，ソフトウェア開発能力の自己評価を行うことを要求すること．

8.4.2.4 供給者の監視	供給者のパフォーマンスを把握するプロセスを定めること．評価するパフォーマンスには，納入不良，顧客に迷惑をかけた事例（構内保留，出荷停止，製造ライン停止等の問題），納期順守率，特別輸送費発生件数等を含むこと． ＜用語の解説＞ **特別輸送費**とは，契約した輸送費に対する割増し費用のことです．納期に間に合わせるために定期便ではなく航空機や特別配送便にかかった費用で，納期を監視する代用特性として用いられます．
8.4.2.4.1 第二者監査	供給者の管理方法の一つとして第二者監査を行うこと．
8.4.2.5 供給者の開発	供給者のパフォーマンスを改善するために供給者開発の優先順位，方式，程度，タイミングを決定し，必要な改善を実施すること． ＜要求事項の解説＞ パフォーマンスに基づいてサプライヤーの QMS をレベルアップさせるための要求事項です．例えば，品質保証の取決めの追加，リスク低減のための定期監査，品質管理手法の教育訓練や指導会，目標や課題設定とアクションプランの提出等が該当します．
8.4.3.1 外部提供者に対する情報—補足	外部提供者に製品要求事項及び品質マネジメントシステムに関する要求事項を伝達すること．法令・規制要求事項及び特殊特性はサプライチェーン全体にわたって伝達することを要求すること．

3.11　箇条 8.5 の概要

"8.5　製造及びサービス提供" では，サイトで製品を製造するために必要な計画，及び管理された状態で製造するために必要な要素が規定されています．法令・規制要求事項を含む顧客要求事項を 100%満たした製品をばらつきなく，大量に量産し続けられることが求められます．製造工程には多くの生産設備が稼働し，多くの人々が作業を行い，複雑なシステムが用いられており，このような大きなシステムが正しく運用できなければなりません．

下記に主な IATF 16949 固有の要求事項を列記します．

主な箇条	要求事項の概要
8.5.1.1　コントロールプラン	FMEA などによるリスクの分析結果を反映したコントロールプランを作成すること．FMEA や製造工程等に変化が生じた場合にはレビューし，更新すること．
8.5.1.2　標準作業—作業者指示書及び目視標準	安全で間違えのない作業が行なえるよう，保護具着用基準を含む "作業者指示書" や "目視標準" 等を整備し，作業者に理解させること．これらの文書は読みやすく外国人にも理解できる言語で記載され，いつでも利用できる場所に設置すること．
8.5.1.3　作業の段取り替え検証	製品や材料の変更，金型や治工具等生産設備の変更時に，必要な検査や妥当性確認を行うこと．
8.5.1.4　シャットダウン後の検証	計画的（夏季休暇等）及び非計画的（落雷による電源の突然停止等）なシャットダウン後の再稼働時に，製品要求事項を確実に満たす処置を定めること． **＜用語の解説＞** **生産シャットダウン**とは製造工程が稼働していない状態のことです．
8.5.1.5　TPM（総合的設備保全）	設備の始業点検，定期点検整備，故障修理，予知保全，交換部品の在庫管理，保全のための資源の提供等を行うための TPM（総合的設備保全システム）を定めること．その KPI はマネジメントレビューへの報告事項にすること．

	＜要求事項の解説＞ 生産設備トラブルによる顧客への納入遅れや未納を起こさないための管理が必要です．
8.5.1.6　生産治工具並びに製造，試験，検査の治工具及び設備の運用管理	生産設備の治具，検査治具，工具等の設計製作，及び検証活動に，施設や要員の提供，保管と補充，消耗する治工具の交換プログラム等を確実に運用管理するためのシステムを定めること． 顧客所有の金型等の治工具類や設備には，見えやすい場所に容易に消えない恒久的な識別表示をすること．
8.5.1.7　生産計画	ジャストインタイムの顧客要求に応えるための生産管理システムを構築し運用管理すること．
8.5.2.1　識別及びトレーサビリティ―補足	不適合を含んでいる可能性のある製品に対し，対象範囲を特定することができるよう，トレーサビリティのシステムを構築し，実施すること．
8.5.4.1　保存―補足	材料などの受入れ，加工，保管，輸送，顧客による納入／受入れまでを通して，適合状態を維持するための保存を行うこと． 定期的な劣化検出，在庫回転を確実にする"先入れ先出し管理"などの在庫管理システムを使用すること．
8.5.6.1　変更の管理―補足	製造に影響する変更を管理し対応するためのプロセスを定めること． そのプロセスには変更時の FMEA によるリスク評価，採用前の妥当性確認，顧客への事前通知と承認（PPAP の再承認）等を含めること．
8.5.6.1.1　工程管理の一時的変更	代替工程管理のリストを作成し，定期的にレビューすること． FMEA のようなリスク評価と代替工程管理採用に対する内部承認，コントロールプランへの記載，標準作業指示書の準備と工程監査，正規工程管理に復帰した場合の再稼働検査，トレーサビリティを実施すること． **＜用語の解説＞** **一時的変更**とは，例えば，電動ナットランナーがバッテリー切れの場合に代替管理方法としてトルクレンチを用いて作業を行うことを一時的変更といいます．

3.12 箇条 8.6 の概要

"8.6 製品及びサービスのリリース"では，製品及びサービスの要求事項が満たされていることを検証するための検査工程をコントロールプランに規定し，全ての検査が問題なく完了した後に製品をリリースすることが求められています．

下記に主な IATF 16949 固有の要求事項を列記します．

主な箇条	要求事項の概要
8.6.2 レイアウト検査及び機能試験	設計図面に記載された全ての寸法測定，及び材料や性能の検査・試験，並びに実施部門と頻度をコントロールプランに規定し，実施すること． ＜用語の解説＞ **レイアウト検査**とは，設計図に記載されている全ての寸法を測定することです．
8.6.3 外観品目	顧客から"外観品目"に指定された部品に対して，検査に必要な照度，色や光沢等のマスター，検査員の力量等を確保すること． ＜用語の解説＞ **外観品目**とは，乗員が外観のちょっとした異常に気づきやすい車室内のメーターパネル周りの部品やサンバイザー等の部品を指します．
8.6.4 外部から提供される製品及びサービスの検証及び受入れ	供給者から提供される統計データの評価，受入れ検査や試験，監査などの方法で購買製品やサービスの品質を保証するプロセスを定めること．
8.6.5 法令・規制への適合	購買製品は，製造された国，及び仕向け国の法令・規制要求事項を満たしていることを証明できるようにすること．

3.13 箇条 8.7 の概要

"8.7 不適合なアウトプットの管理" では，不適合製品が誤って使用された
り，顧客に引き渡されることを防止するために，不適合品を識別管理すること
が求められています．

下記に主な IATF 16949 固有の要求事項を列記します．

主な箇条	要求事項の概要
8.7.1.1　特別採用に対する顧客の正式許可	製品又は製造工程が製品承認プロセス（PPAP）で承認されたものと異なる場合には，変更を行う前に顧客の特別採用の許可，又は逸脱許可を得ること．
8.7.1.3　疑わしい製品の管理	未確認や合否判定が疑わしい製品を誤って適合品に混入させないために不適合品として分類し管理すること．製造要員には疑わしい製品の処置について教育訓練すること．
8.7.1.4　手直し製品の管理	手直し工程はリスク分析（FMEA）を行い，コントロールプランに従って再検査するプロセスを定めること． 分解又は手直し指示書は要員が利用できるようにすること． **＜用語の解説＞** **手直し**とは，検査で不適合となった製品を要求事項に適合させるためにとる処置です． （例：本革シートに皺があり，検査 NG となった外観不具合を修正して OK にするようなケース）
8.7.1.5　修理製品の管理	手直し製品と同様のプロセスを定めること．事前に顧客から特別採用の許可を得ること． **＜用語の解説＞** **修理**とは，検査で不適合となった製品を意図された用途に対して受け入れ可能とするためにとる処置です．適合品とは限りません． （例：本革シートの裏地の汚れを落としたが，跡が残った．外観品質には全く影響がなく，特別採用を申請するようなケース）

8.7.1.6　顧客への通知	出荷された製品に不適合品が含まれていることがわかった場合には顧客に速やかに報告し，詳細な文書を提出すること．
8.7.1.7　不適合製品の廃棄	手直し又は修理できない不適合製品を廃棄する際のプロセスを定めること．不適合製品は再利用できないように廃棄の前に使用不可の状態にすること．

3.14 箇条9の概要

箇条9（パフォーマンス評価）では，品質マネジメントシステムのパフォーマンスと有効性を監視，分析，評価することによって改善につなげるための要求事項です．

自動車産業プロセスアプローチで重要な考え方は，プロセスに顧客要求事項を100％インプットし，インプットされた顧客要求事項を100％満たした製品をアウトプットすることです．製造工程，顧客満足度，内部監査とマネジメントレビューによって品質マネジメントシステムを監視し，改善をすすめることなります（図3.5）．

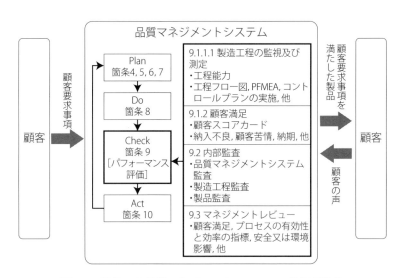

図3.5 箇条9と品質マネジメントシステムの継続的改善

下記に主な IATF 16949 固有の要求事項を列記します.

主な箇条	要求事項の概要
9.1.1.1 製造工程の監視及び測定	新規の製造工程に対して工程能力を検証し,顧客の製品承認プロセスで要求された製造工程能力を維持すること.製造工程フロー図の作成,工程 FMEA の実施,コントロールプランの作成を行うこと.
9.1.1.2 統計的ツールの特定	適切な統計的手法が工程 FMEA,コントロールプランに含まれていることを検証すること.
9.1.1.3 統計概念の適用	ばらつきや工程能力等の基本的な統計概念は,統計ツールを使用する要員が理解し使用していること.
9.1.2.1 顧客満足―補足	パフォーマンス指標(納入品質,納期,スコアカード等)の継続的評価を通じて顧客満足を把握すること.
9.2.2.1 内部監査プログラム	リスク等に基づいた品質マネジメントシステム監査,製造工程監査,製品監査を含む内部監査プログラムを作成し,実施すること. プロセス変更,内部及び外部不適合,顧客苦情に基づいて監査頻度を調整すること.
9.2.2.2 品質マネジメントシステム監査	顧客固有要求事項を含む IATF 16949 への適合を検証するために全てのプロセスを監査すること.
9.2.2.3 製造工程監査	製造工程の有効性と効率を検証するために,シフト確認を含む全ての製造工程を,FMEA,コントロールプラン等の実施状況の確認を含めて監査すること.
9.2.2.4 製品監査	製品が規定要求事項を満たしていることを検証するために製品監査を行うこと.
9.3.1.1 マネジメントレビュー―補足	マネジメントレビューは,年に一度は行い,顧客要求事項への不適合のリスクに基づいて,実施頻度を増やすこと.
9.3.2.1 マネジメントレビューへのインプット―補足	マネジメントレビューへの報告事項には,プロセスの有効性と効率の指標,製造フィージビリティ評価,顧客スコアカード,製品適合性,市場不具合等を含めること.
9.3.3.1 マネジメントレビューからのアウトプット―補足	マネジメントレビューからの指示事項には,顧客パフォーマンス目標が未達成の場合には文書化した処置計画を含めること.

3.15　箇条10の概要

　箇条10（改善）では，顧客要求事項を満たし，顧客満足を向上する為に，不適合を是正し，品質マネジメントシステムのパフォーマンスと有効性を改善することが求められています．

　顧客苦情及び市場不具合（回収部品を含む），補償内容，内部監査の指摘，等を分析し，是正処置，予防処置，継続的改善を行っていくことが求められます．下記に主なIATF 16949固有の要求事項を列記します．

主な箇条	要求事項の概要
10.2.3　問題解決	様々なタイプの問題へのアプローチの仕方，不適合なアウトプットの封じ込め，原因分析手法，体系的是正処置等，問題解決の方法を文書化したプロセスを定めること． ＜主な分析手法の解説＞ 主な分析手法を表3.4に示します．
10.2.4　ポカヨケ	適切なポカヨケ手法の活用を決定し文書化するプロセスを定めること． 採用されたポカヨケは工程FMEAに記載し，ポカヨケ装置のテスト頻度をコントロールプランに記載すること．
10.2.6　顧客苦情及び市場不具合の試験・分析	顧客苦情や市場不具合の分析を行い，問題解決や是正処置を行うこと．
10.3.1　継続的改善―補足	継続的改善のために使用する方法論，製造工程の改善計画，FMEA等について文書化したプロセスを定めること．

表3.4　主な分析手法（例）

タイプ	主な分析手法（例）
設計問題	DFMEA，FTA，ワイブル分析，QFD，多変量解析，実験計画法，等
製造問題	PFMEA，QCストーリー，QA七つ道具（パレート図，特性要因図，グラフ，チェックシート，ヒストグラム，散布図，層別）等
内部監査	なぜなぜ分析

認証審査
―どのような審査が行われるのか―

4.1 IATF 16949 ルールと認証プロセス

　IATF 16949 の審査・認証は"自動車産業認証スキーム　IATF 16949　IATF 承認取得及び維持のためのルール"に基づいて行われます．名称が長いので，一般的には"IATF ルール"等と呼んでいます．

　認証プロセスは ISO 9001 と基本的には同じで，第一段階審査，第二段階審査，認証判定，認証（登録）となります（図 4.1）．

　ISO 9001 との違いは，①オプションで予備審査を受けることができること，②第一段階審査の最終会議から第二段階審査の初回会議開始日までが 90 日以内と期限が設定されていること，③登録情報が IATF のデータベースに入力されて IATF ポータルサイトで閲覧できるようになること，です．

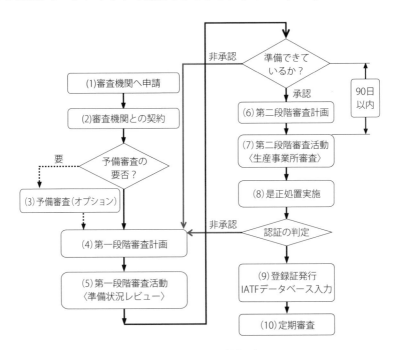

図 4.1　IATF 16949 の認証プロセス

4.2 予備審査

IATF 16949 において組織は ISO 9001 ルールにはない予備審査を受けることができます.

▌予備審査の日数

審査機関は審査の前にサイト（工場）に１度だけ訪問することができます. 予備審査日数はサイトの第二段階審査日数の 80％までの日数をかけることができます. 例えば，第二段階審査が５人日の場合，予備審査日数はその 80％以下，すなわち４人日以下（5×0.8＝4）となります. ４人日は最大値ですから，３日でも２日でも構いません. 組織が準備状況などから予備審査日数を決めることができます.

▌審査の内容

IATF ルールで予備審査は"拘束力のない所見を作成すること"と規定されています. つまり，審査員は組織の品質マネジメントシステムが IATF 16949 規格要求事項を満たすシステムになっているかどうかを評価し，満たしていない部分を所見として記録し，組織に提供することになります. 予備審査は審査ではありませんので，不適合指摘と是正処置の要求はしません. 審査員が指摘した所見について修正を行い，第一段階審査に備えればよいのです. 審査員とコミュニケーションがとれる絶好の機会ですから，規格要求事項の意図がわからなかった部分や，構築したシステムが規格要求事項を満たしているかどうか悩んできた部分を審査員に積極的に質問して，問題点をクリアにするのが上手な使い方だといえます.

▌予備審査はオプション

オプションですから，受けるか否かは組織の自由です. コンサルタントを活用していない組織や，審査員の視点で品質マネジメントシステムの達成度合いを把握したい組織は，この制度を利用するとよいと思います.

4.3　第一段階審査

　第一段階審査の目的は"準備状況レビュー"です．第二段階審査に進むための準備が整っているか否かを判断します．

■ 審査の内容

　審査員はサイト（工場）を訪問して認証範囲の確認と，品質マネジメントシステム文書を評価します．認証範囲とは会社名，住所，従業員，自動車産業顧客と顧客固有要求事項，製品名，組織，製品設計の有無等です．次に，現場確認を行いながら品質マニュアル，品質マニュアルの中で引用している下位規定類，手順書，様式等を確認します．

■ 審査の日数

　第一段階審査は，1日ないし2日で行います．

　確認事項が多いので，一般的には2日の審査計画が立てられます．再度第一段階審査を行う場合には問題となった箇所のみが確認対象となりますので一般的には1日の審査計画が立てられます．

■ 審査計画書の特徴

　審査計画を立案するために下記 a)～i) の情報提供が組織に要求されます．審査機関は提供された事前情報を基にプロセスベースの審査計画書を作成します．

　　a)　遠隔地支援部門と支援機能の記述

　　b)　順序及び相互作用を示すプロセスの記述（アウトソースを含む）

　　c)　少なくとも直近12か月間の KPI 及びパフォーマンスの傾向

　［留意事項］

　　　・目標未達の場合には，原因分析と処置計画が実施されていること．

　　d)　プロセスが IATF 16949 の全ての要求事項に対処している証拠

　［留意事項］

　　　・要求事項とプロセスとのマトリックス表を用いて実証．

　　e)　品質マニュアル（遠隔地支援部門との相互作用を含む）

f)　完全な1サイクル分の内部監査とそれに続くマネジメントレビューの証拠

[留意事項]

・内部監査は，ISO 9001の内部監査と同じくIATF 16949規格への適合を検証するための"品質マネジメントシステム監査"に加えて，製造工程の有効性と効率を判定するための"製造工程監査"，製品要求事項への適合を検証するための"製品監査"の3種類の監査が要求事項となっています．

・品質マネジメントシステム監査は自動車産業プロセスアプローチで行うこと，製造工程監査は全ての製造工程及び全てのシフトを対象にすることが要求されています．

g)　資格認定された内部監査員のリスト及び資格認定基準

h)　自動車産業顧客と顧客固有要求事項のリスト

i)　顧客苦情の概要と対応，スコアカード及び特別状態，他

▌第一段階審査の判断基準

第一段階審査は"準備状況レビュー"です．IATF 16949の要求事項を満たす手順が品質マネジメントシステム文書に定められていない又は不完全，このまま第二段階審査に進んだ場合，効果的な実施に関してメジャー不適合となる問題が検出された場合には"準備不足"と判定されます．"準備不足"と判定された場合には，第一段階審査を再度受けることになります．

用語の解説　　スコアカード

スコアカードとは"サプライヤーパフォーマンススコアカード"ともいわれ，顧客が定めた重要なKPIと，目標に対する実績推移を図示したものです．顧客の期待に組織がどの程度応えているかを視覚的に評価したもので，一目で判断できるように工夫されています．IATF自動車メーカーはTier1サプライヤーごとに通常月次でオンラインで提示しており，スコアカードの名称（GMの6-Panel，FORDのSIM等）やKPI（納入不良率，納期遵守率，出荷停止件数ほか）は各社ごとに独自の内容となっています．

4.4 第二段階審査

　第一段階審査で "準備ができている" と判断されると，第二段階審査に進みます．

▌審査の日数

　第二段階審査は第一段階審査の最終会議日から 90 日以内に実施することがルールで定められています．審査日数は，従業員の人数で求められる最小審査工数を基に決められます．IATF 16949 は要求事項が多いこともあり ISO 9001 の審査日数より 1.5 倍程度多くなります．

　サイトに加えて，遠隔地にある支援部門，例えば本社，設計部門のテクニカルセンター，営業所，倉庫（デポ）等が第二段階審査に含まれます．この遠隔地支援部門は，初回審査に限ってサイトに先だって審査することになります．

▌審査計画書の特徴

　審査計画を立案するために第一段階審査と同じ情報提供が組織に要求されます．審査機関は提供された事前情報を分析して顧客リスクを特定し，審査の焦点を明確にした審査計画書を作成します．

　審査計画書は部署別ではなくプロセスベースの審査計画で全てのプロセスが審査対象となります．審査時間の配分では製造プロセスには審査総工数の 1/3 以上の審査時間を割りあて，全ての製造工程（例えば，プレス工程，機械加工工程，熱処理工程，溶接工程，塗装工程，組立工程等）と全てのシフト（第 1 シフト，第 2 シフト，第 3 シフト等）が計画され，製造に重きが置かれた計画となります．

　また，遠隔地支援部門とサイトとのインターフェースと相互作用，顧客固有要求事項をどのプロセスで審査するのかが明記されます．

▌審査の内容

　自動車産業プロセスアプローチ審査を行うことが要求されています．顧客要求事項を満たしたアウトプットがなされるプロセスであるかを検証するために，

会議室ではなくプロセスが行われている場所で，プロセスオーナーや実務担当者へのインタビューを通して客観的証拠を収集し，プロセスの有効性評価を行います．

　顧客要求事項の実現に対するリスクに焦点を当てるために，まずはプロセスオーナーに重要な管理指標（納入不良等）と目標達成状況を質問し，目標未達の場合には原因と処置計画を聞かせていただき，現場で処置計画の有効性を審査します．

　また，変化はリスクになりますので，新たな顧客，新製品開発や工程変更，不具合対策を行った製造工程等は審査の焦点になります．

▌審査の流れ

　一般的な審査の流れは次のようになります．

　まず，プロセスオーナーへのインタビューで，KPI，目標未達の原因と是正処置計画，内外の変化とリスクなどについて質問がなされます．

　次に実務担当者へのインタビューで，図4.2のタートル図に沿った質問がなされます．

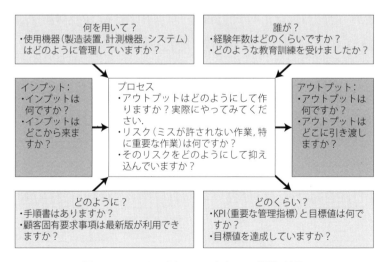

図 **4.2**　タートル図による審査での質問（例）

4.5　不適合と是正処置

■ 不適合の区分

　審査の結果，規格要求事項を満たしていないと判断された場合に不適合が指摘されます．IATF 16949 での不適合は ISO 9001 と同じく "重要（major）な不適合" と "軽微（minor）な不適合" の二つに区分されています．それぞれの定義を表 4.1 に示します．

　また，適合ではあるが更なる有効性又は頑健性の向上が可能な状況として "改善の機会" という区分もあります．

■ 是正処置のルール

　不適合を受けた際は，回答期限以内に表 4.2 の是正処置が要求されます．期限内（最終会議日から 60 日以内）に要求された証拠を審査機関に提出しなければなりません．もし回答期限内に提出できなかった場合，審査は無効となり第一段階審査からやり直すこととなります．

　また，実施された是正処置の有効性について現地で検証が行われます．重要な不適合の場合はそのための "特別審査" によって現地で是正処置の有効性検証を行い，軽微な不適合の場合は次回の審査で有効性検証を行います．

　IATF 16949 は不適合を再発させない確実な是正処置をとることを強く求めています．

表 4.1 不適合の区分

不適合区分	定義
重要な不適合	次の事項の一つ以上 ・IATF 16949 要求事項を満たすシステムの欠如又は総合的機能不全．一つの要求事項に対して軽微な不適合が多数ある場合にはシステムの総合的機能不全とみなされる． ・不適合品が出荷される可能性のある不適合 ・品質マネジメントシステムの失敗，又は管理されたプロセス及び製品を確実にする能力を著しく低減させる不適合
軽微な不適合	・品質マネジメントシステムのある部分での失敗 ・品質マネジメントシステムの1項目に対して観察された過失

表 4.2 是正処置に関する要求事項

要求事項	回答期限（生産事業所の最終会議日が起点）	
	重要な不適合	軽微な不適合
a) 実施した修正 b) 根本原因の分析結果（分析手法を含む）	20 歴日以内	60 歴日以内
c) 体系的是正処置（他の類似のプロセス及び製品への水平展開を含む） d) 実施した是正処置の有効性検証	60 歴日以内	
是正処置の有効性検証 （現地にて実施します）	90 歴日以内に実施される "特別審査"	次回の定期審査

4.6 認証判定と登録

　指摘された全ての不適合に対して是正処置が完了すると，IATF 16949 の要求事項に 100％適合したことになります．審査機関の認証判定機能は審査所見，審査結論，その他の関連する情報に基づいて認証判定を行います．

　認証が決定されると，第二段階審査の最終日から 120 歴日以内に登録証（図4.3）が発行され，IATF のデータベースに認証情報が登録されます．

　登録証のレイアウトは，認証されたサイトが表紙に記載され，附属書に遠隔地支援部門の情報が記載されます．

　認証情報は IATF のポータルサイトの "IATF Certificate Validity Check" の画面に IATF 認証番号をインプットすることによって世界の誰でも認証状況を閲覧することができるようになります．パソコンで閲覧することができますので，営業活動などに登録証の写しを持参する必要はありません．

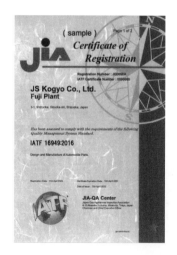

図4.3　登録証のサンプル

4.7　定期審査と認証取り下げプロセス

　認証が決定されると認証判定日から3年間有効の認証書（登録証）が発行されます．なお，有効期限日は，認証判定日を起点にして3年マイナス1日となります．

　認証登録以降はサーベイランス審査（定期審査）が行われ，品質マネジメントシステムの維持状況が審査されます．サーベイランス審査は，第二段階審査の最終日を起点にして表4.3に示す間隔で行われることになります．ただし，合意した間隔を3年サイクルの途中で変更することはできません．3年目に再認証審査（更新審査）が行われ，マネジメントシステム全体の継続的な適合性と有効性，認証範囲の適切性が審査されます．再認証登録以降は初回認証登録時と同じ3年間有効の認証書（登録証）が発行されサーベイランス審査が行われます．

▌認証取り下げプロセス

　定期審査や再認証審査で不適合が指摘された場合，認証条件であるIATF 16949の要求事項に100％適合していることが満たされなくなることから"認証取り下げプロセス"が開始されます．認証取り下げプロセスが開始されるトリガーは図4.4に示すように不適合が検出された場合を含めて6項目が設定されています．

　重要な不適合が検出された場合は審査の最終日を起点に認証の一時停止となり，是正処置の有効性を現地検証するための特別審査が行われます．特別審査の結果，是正処置の有効性が確認できれば認証は元の状態に復活し，是正処置が有効でなかった場合には認証の取消しとなります．軽微な不適合の是正処置の有効性は，次回の審査で現地検証をすることになります．

　IATF 16949の認証は，要求事項を満たした品質マネジメントシステムを有し，パフォーマンスがよいサプライヤーであることの証明書の意味合いがあります．

表4.3　サーベイランス審査の間隔

サーベイランス間隔	6か月	9か月	12か月
3年サイクルの審査回数	5回	3回	2回
タイミング 第二段階審査の最終会議日を起点	－1か月／＋1か月	－2か月／＋1か月	－3か月／＋1か月

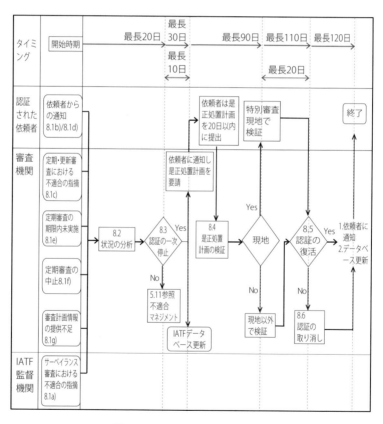

図4.4　認証取り下げプロセス

第5章

認証取得までのロードマップと
準備の要点

5.1 マスタースケジュール

　認証取得の活動期間は，2〜3 年程度で行われています．しかし，組織の状況によっては，1 年半程度の活動で認証取得される会社もありますので活動期間は様々です．また第一段階審査の結果，再度の第一段階審査を行う場合には日程計画が伸びることがあります．ISO 9001 の認証を取得されている組織がIATF 16949 にアップグレードする場合の一般的な活動計画を図 5.1 に示します．各ステップにおける内容と準備の要点を図の中に記載します．

　ステップごとの準備の要点を詳しく述べてみます．

【ステップ 1】この次の 5.2 節（認証範囲の特定）で解説します．

【ステップ 2】プロジェクトの推進体制は，組織全体の活動とするため，トップマネジメントのもとに，権限を与えられた“管理責任者”，管理責任者のスタッフとして全社事務局を置き，各部門から選定された部門事務局で推進体制を構築するのがよいでしょう．マスタースケジュールに対する活動計画の進捗状況は，計画的にトップマネジメントにインプットして必要な支援を得るとともに，部門事務局を通して全社に展開し，良好なコミュニケーションを維持することが肝要です．

【ステップ 3】規格要求事項やコアツールを理解するために，図書を購入して学習する，さらにセミナーに参加する方法があります．推進体制の事務局員がセミナーに参加し，社内講師となって各部門事務局を教育する方法もあります．意味のわからない規格要求事項は，セミナー講師や審査機関に積極的に質問することが理解の早道です．

【ステップ 4】5.4 節（ギャップ分析に基づく品質マニュアル作成），5.5 節（プロセスマップとプロセスの定義），5.6 節（プロセスの管理指標とパフォーマンス評価）を参照してください．

【ステップ 5】QMS の周知で大事なことは，認証取得の目的を全社員にしっかり理解してもらうことです．IATF16949 は顧客（取引先）満足を達成する

ことが目的です．つまり，納入不良ゼロ，納期遵守率100％の達成がターゲットとなります．効果的で効率的な仕組みを構築することが求められていますので，無駄な仕組みづくりに走らないようにすることが重要です．

【ステップ6～7】5.7節（内部監査の計画と実施，マネジメントレビューの実施）で解説しています．

【ステップ8】4.2節（予備審査），4.3節（第一段階審査），4.4節（第二段階審査）を参照してください．

【ステップ9】4.5節（不適合と是正処置）を参照してください．

【ステップ10】4.6節（認証判定と登録）を参照してください．

ステップ 準備の要点	1年目	2年目	3年目
1. 審査機関の選定 ・契約 ・申請	◎		
2. プロジェクト推進体制整備	→		
3. IATF 16949 の理解 ・セミナー等 ・コアツール	→		
4. QMS 構築 ・規格，CSR 文書整備 ・QM 作成	→→		
5. QMS の周知 ・勉強会		→	
6. 内部監査の実施 ・内部監査員育成，資格認定 ・内部監査		→ #1 — #2 —	
7. マネジメントレビュー		◎	
8. 審査 ・予備審査（オプション） ・第一段階審査（Stage1） ・第二段階審査（Stage2）		（予備審査◎） 第1段階審査◎ 第2段階審査◎	
9. 不適合のマネジメント ・是正処置		→→	→→
10. 認証（登録）			⊕

図 **5.1** マスタースケジュール（例）

5.2 認証範囲の特定

■ 審査機関の選定と契約

　日本には 14 程の IATF 16949 審査機関（日本の審査機関が 2，外資系審査機関が 12）があります（2020 年 1 月時点）．ビジネスパートナーとして一緒に上手くやっていけるかどうかの視点で審査機関を選定するとよいでしょう．

　選定が終われば契約です．契約書では，審査機関の審査に IATF の立会監査や審査機関の内部立会監査を行う場合があることや，品質マネジメントシステムに変更があった場合には遅滞なく審査機関に通知することなどが求められています．

■ 認証範囲の特定

　認証範囲 (audit scope) とは，組織の範囲，場所（住所），製品名やプロセスのことで審査の対象範囲となり登録証に記載されます．

　IATF 16949 は自動車産業を対象とした認証であることから，認証範囲は ISO 9001 の場合に比べて明確に特定することが要求されています．ルールで要求されている認証範囲の条件と要点を以下に示します．

a) 対象製品の特定

　認証対象のサイト（生産事業所のことで，以下"サイト"と記述）が製造する全ての自動車産業向け製品が IATF 16949 の対象製品となります．ですから自動車産業向けではない製品は対象外となります．

　審査では自動車産業向け製品をサンプリングしてプロセスの有効性を確認します．

b) 顧客の特定

　サイトの全ての自動車産業顧客が IATF 16949 の対象となります．自動車産業ではない顧客は，IATF 16949 の対象外となります．IATF 16949 の認証基準には取引先の"顧客固有要求事項"が含まれますので，審査基準を確定するために顧客を特定することが必要です（図 5.2）．

c) サイトと遠隔地支援部門の特定

サイトが認証の対象ですが,そのサイトの業務を支援している全ての支援部門も対象範囲となります.サイトと地理的に離れた場所に所在する支援部門のことを"遠隔地支援部門"と呼んでいて,例えば,本社,テクニカルセンター,支店,営業所,倉庫(デポ)などが該当します(図5.3).

■ 海外にサイト(現地法人)がある場合の対応

支援部門が海外に所在する場合も対象範囲となります.問題となるのが,海外のサイト(現地法人)が現地の審査機関によって IATF 16949 の審査を受ける際に,日本の事業所が製品設計や製造工程設計等を支援している場合です.日本の事業所は遠隔地支援部門の位置付けになるので対象範囲になります.この場合,IATF 16949 の認証制度では次の二つの選択肢が用意されています.ほとんどの場合,選択肢2を適用しています.

・選択肢1:海外のサイトを審査した審査機関が日本の遠隔地支援部門も審査する.

・選択肢2:海外の審査機関は各審査の前に次の条件(＊印)のもと,日本の遠隔地支援部門を審査した日本の審査機関による審査結果を受け入れて実際の審査に代替する.

＊審査は,その部門の製品適用範囲を漏れなく含んでいる.

＊海外のサイトの組織は,審査に先立って,日本の遠隔地支援部門を審査した審査機関による審査計画書,審査報告書,全ての審査所見,全ての是正処置,及び全ての検証活動のコピーを海外の審査機関に提供する.

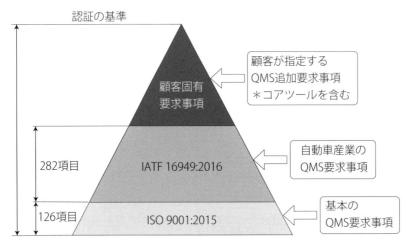

図 5.2　認証の基準

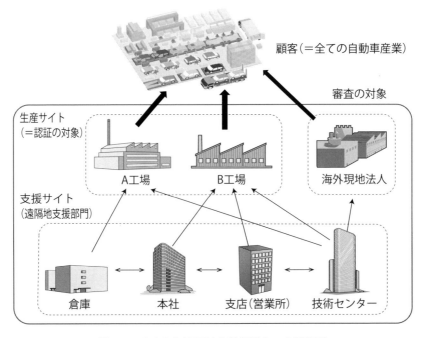

図 5.3　サイトと遠隔地支援部門との支援関係

5.3 品質マネジメントシステム要求事項と基準文書の整備

IATF 16949 の品質マネジメントシステムを構築するにあたって，審査の基準文書を整えることが必要です．品質マネジメントシステム要求事項の最新版を入手し，維持管理しなければなりません．IATF 16949 品質マネジメントシステム要求事項は図 5.4 のとおりで，特に SI と FAQ は改定頻度が高いので，注意が必要です．

なお，認証ルールを規定した"自動車産業認証制度 IATF 承認取得ルール"は品質マネジメントシステム要求事項ではありませんが，認証のための審査はこのルールに従って進められますので併せて理解しておくことをお勧めします．

IATF 16949 自動車産業品質マネジメントシステム規格－要求事項

・IATF 16949 FAQs（Frequently Asked Questions：よくある質問）
・IATF 16949 SIs (Sanctioned Interpretations：公式解釈集）
(FAQs, SIsは，IATFポータルサイトからダウンロードできます※)

ISO 9001 品質マネジメントシステム－要求事項

顧客固有要求事項
・顧客がIATF OEMの場合はIATFポータルサイトからダウンロードできます．※
・顧客がIATF OEMではない場合は、顧客が組織に要求している品質マネジメントシステム要求事項、例えば"サプライヤー品質マニュアル"などが該当します．

コアツール
①APQP：Advanced Product Quality Planning 先行製品品質計画
②PPAP：Production Part Approval Process 生産部品承認プロセス
③FMEA：Failure Mode and Effects Analysis 故障モード影響解析
④SPC ：Statistical Process Control 統計的工程管理
⑤MSA ：Measurement System Analysis 測定システム解析

※ https://www.iatfglobaloversight.org/

図 5.4 IATF 16949 要求事項の体系

5.4 ギャップ分析に基づく品質マニュアル作成

　IATF 16949 の要求事項を満たす品質マネジメントシステムを構築するにあたってはまずギャップ分析を行います.

■ ギャップ分析と品質マニュアル

　ギャップ分析とは, 現行の ISO 9001 を満たす品質マネジメントシステムを記載した"品質マニュアル"を IATF 16949 の要求事項と対比させて分析し, 現在の品質マネジメントシステムの不足している部分と弱点を明らかにする作業です (図5.5). ギャップ分析によって規格要求事項の理解が進み, リスクの高いプロセスに弱点が認められた場合には仕組みを強化してリスクを低減させ, レベルアップさせた品質マネジメントシステムを構築することがポイントです. ギャップ分析で用いられる分析シートの例を表5.1に示します.

　ギャップ分析に基づいて品質マニュアル (1次文書), 業務手順を定めた規定類 (2次文書), 詳細な手順書や様式類 (3次文書) を完備させます. 自動車産業は法令・規制要求事項を含む顧客要求事項を完全に満たした製品を大量に生産し, 多くの人々が業務に関与することから, 全ての業務に手順書が作成されていることが品質マネジメントシステムの基本となっています. ただし, 手順書類の文書をどの程度まで詳しく記述するかは, 手順書類を利用する人々の力量によって異なり, 要点のみの記載ですむ場合もあれば, 新人が利用する場合には間違いを起こさないように詳しく記載することが必要です.

■ 品質マネジメントシステムの周知徹底

　品質マネジメントシステムが構築できたら, プロセスオーナーや実務担当者に周知することになります. インプットとアウトプット, 手順書類, 業務で使用する設備やシステム, そのプロセスの目標と実績等について, 周知徹底します.

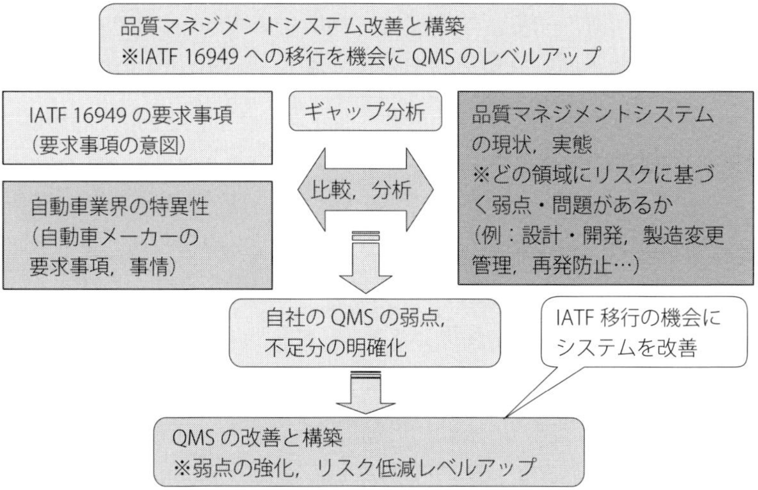

図 5.5　ギャップ分析

表 5.1　ギャップ分析シートのイメージ

品質マニュアル			規格要求事項	
改定案 (IATF 16949)	現行のシステム		IATF 16949	ISO 9001
	(ISO 9001)	改善事項		
顧客スコアカードを用いて顧客満足度を監視する.	顧客アンケートで評価	顧客スコアカードに置き換える	－	9.1.2　顧客満足 組織は, 顧客のニーズ ********************
**************** ****************	重要な KPI (納入不良件数, 納入不良, 他) を監視する	納期を含め KPI の全面 的見直し	9.1.2.1　顧客満足－補足 製品及びプロセスの 仕様書及び ******************	－
**************** ****************	データの収集 と分析を行う	分析データが 不足, 分析手 順が不明確	－	9.1.3　分析及び評価 組織は, 監視及び測 定から ********************
**************** ****************	月々のスコ ア カ ー ド を チェック	スコアカー ドの傾向分 析を含める	9.1.3.1　優先順位付け 品質及び運用パフォー マンス ******************	－

5.5 プロセスマップとプロセスの定義

　IATF 16949 は自動車産業プロセスアプローチ審査を行うことが要求されていますので審査計画書はプロセスベースで作成し，ISO 9001 の審査のような部署別の審査計画書は作成しません．

　審査機関は組織に対して審査計画を作成するために，顧客から受注し顧客に出荷するまでの順序及び相互作用を示すプロセス（アウトソースを含む）を記述した文書，プロセスマップの提供を要求します．IATF 16949 の認証はサイトごとですから，プロセスマップもサイトごとに作成することになります．

　プロセスと相互作用を示したプロセスマップの例を図5.6 に示します．

用語の解説　デポ

　自動車メーカーの組立てラインでは様々な仕様の自動車の製造とリンクした部品をライン供給して生産しています．自動車メーカーは一般的に在庫をもたないカンバン方式を採用していますので，サプライヤーは要求された部品を所定の工場に時間どおりに納入することが求められることから，自動車メーカーの工場近くの倉庫から納入する形態をとっています．このような部品供給する施設を"デポ（depot）"と呼んでいて，アウトソースしていることの多いプロセスです（図5.7）．

用語の解説　情報システム P

　生産管理，発注管理，顧客苦情管理，設計情報管理，e メール，文書管理等は IT システムが用いられていて，組織の重要な基幹システムとなっています．これらのシステムを管理するプロセスの重要性から，情報管理 P を定義することが多くなっています．

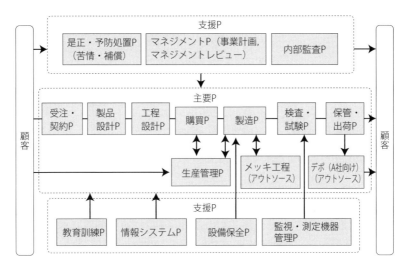

図 **5.6**　プロセスマップ（例）

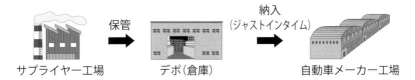

※　自動車メーカー工場の近隣に所在
※　デポ機能は外注される場合もある.
図 **5.7**　デポ

5.6 プロセスの管理指標とパフォーマンス評価

▌KPI と目標の設定

　IATF 16949 はパフォーマンスを継続的に向上することが強く求められています．パフォーマンスを向上するためには品質マネジメントシステムを継続的に改善することが必要になります．トップマネジメントは品質マネジメントシステムの有効性と効率をレビューして評価，改善することが求められています．そのため品質マネジメントシステムを構成している各プロセスに KPI（Key Performance Indicator：管理指標）と目標を設定し，目標を達成していない場合には是正処置を行って PDCA を回していくことが求められます．有効性と効率の KPI の例を表 5.2 に示します．

　KPI は対策の優先順位を付けるために傾向を見て目標値と比較評価することが有効です．図 5.8 は納入不良率をトレンドで表示したものです．6 月に納入不良があり，その後は対策効果があったことがわかります．しかし最近の 2〜4 月は悪化傾向を示しており 3 ppm 以下の目標を達成するためには原因調査が必要であることがわかります．納入不良率の目標 3 ppm 以下が顧客要求事項となっている場合，マネジメントレビューのアウトプットには顧客目標を達成するための処置計画の作成と実施が要求されています．

▌審査での確認事項

　このように，顧客へのリスクに焦点を当てる自動車産業プロセスアプローチ審査では，最初にプロセスオーナーと面談して KPI について確認をします．もし目標が達成できていなかった場合には是正処置計画と，その計画が有効に実施されていることを現場で確認します．

表 5.2　プロセスの KPI（例）

プロセス	有効性の指標			効率の指標		
	管理指標	目標	実績	管理指標	目標	実績
製造 P	工程内不良率	250ppm	185ppm	廃却金額	50 万円 以下 / 月	35 万円 / 月
生産管理 P	納入不良件数	1 件 / 月	1.6 件 / 月	生産性向上率	10%低減	8%
	納期遵守率	100%	100%	特別便使用件数	3 件 以下 / 月	5 件 / 月
検査・試験 P	納入不具合発生率	3ppm 以下 / 月	4.5ppm	試験日程遵守率	100%	95%

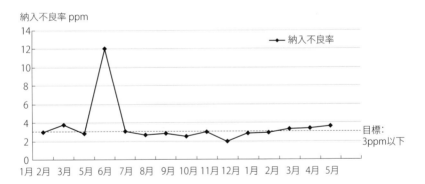

図 5.8　納入不良率の推移（例）

5.7 内部監査の計画と実施，マネジメントレビューの実施

▌内部監査の計画と実施

　第一段階審査までに，品質マネジメントシステム全体を対象とした完全な1サイクル分の内部監査と，それに続くマネジメントレビューを実施することが求められます．

　IATF 16949の内部監査はIATF 16949規格への適合を検証するための"品質マネジメントシステム監査"に加えて，製造工程の有効性と効率を判定するための"製造工程監査"，及び製品要求事項への適合を検証するための"製品監査"の3種類の監査が要求事項となっています．内部監査は，リスク，内部及び外部のパフォーマンスの傾向，プロセスの重大性に基づいて優先順位付けされた3年サイクルの"監査プログラム"に基づいて実施することが求められます．

　また，監査プログラムはプロセスの変更，内部及び外部の不適合や顧客苦情の状況に応じて監査頻度を見直し，計画を変更することが求められており，リスクに基づいたアプローチをとることが強調されています．

　ここで監査プログラムとは，監査目的，日程，監査対象，監査基準等を明確にした計画に基づいて実施する一連の監査のことで，図5.9に内部監査プログラムの例を示します．

　内部監査計画に洩れていて指摘になりやすい要求事項を下記に示しておきます．

【内部監査プログラム】

・外部の不適合や顧客苦情の状況に応じて監査頻度を見直し，計画を変更する．

【品質マネジメントシステム監査】

・顧客固有のQMS要求事項（サンプリングで可）を確認する．

【製造工程監査】

・全てのシフト（第一シフト，第二シフト，…），シフト引継ぎを監査する．

・FMEA，コントロールプランに基づき監査する．

■ マネジメントレビュー

　トップマネジメントは内部監査結果を含み，規格で要求されたインプット情報に基づいて品質マネジメントシステム全体の有効性と効率を年次計画に従ってレビューすること，及び年次計画は顧客要求事項へのリスク等に基づいて実施頻度を増やすことが求められていています．顧客から要求された納入不良件数や納期遵守率等のパフォーマンス目標が達成されていない場合には，目標を達成させるための処置計画と実施が要求されています．

監査区分	監査対象	2020年				2021年				2022年				2023年			
		1Q	2Q	3Q	4Q	1Q	2Q	3Q	4Q	1Q	2Q	3Q	4Q	1Q	2Q	3Q	4Q
品質マネジメントシステム監査	受注・契約P		＊												＊	＊	
	製品設計P		＊				＊				＊				＊		
	工程設計P		＊				＊				＊				＊		
	購買P						＊										
	製造P						＊				＊						
	検査・試験P		＊								＊				＊		
	保管・出荷P										＊						
	：																
製造工程監査	受け入れ	＊				＊				＊				＊			
	圧造		＊				＊				＊				＊		
	溶接		＊				＊				＊				＊		
	機械加工			＊				＊	＊			＊				＊	
	熱処理			＊	＊			＊				＊	＊			＊	＊
	塗装				＊								＊				＊
	組み立て				＊								＊	＊			＊
	：																
製品監査	製品A	＊												＊			
	製品B		＊												＊		
	製品C		＊												＊		
	製品D						＊										
	製品E						＊						＊				
	製品F												＊				
	：																

＊印：監査実施対象を示す（3年サイクル内で全ての監査対象を網羅する）.

図 5.9　内部監査プログラム（例）

5.8 あとがきにかえて

▌組織に既に存在する仕組みと規格要求事項

　IATF 16949 の目的は顧客満足の達成なので，規格要求事項に振り回されないことが重要です．日本企業の自動車は，消費者の視点で品質評価を行っている JD パワーやコンシューマーレポートの評価で高いスコアを獲得していることから，高品質であると認識されています．

　IATF 16949 の要求事項は，自動車産業に共通した要求事項なので，日本の組織の多くは現在 IATF 16949 の認証を取得していなくとも規格要求事項を満たす仕組みはほとんど備わっているはずです．IATF 16949 の認証取得活動において重要なことは，規格要求事項の意図をしっかり理解し，既に組織内に存在する仕組みとの紐付けをすることです．新たな要求事項はそれほど多くはないはずですから，新規の仕組みは極力つくらないことが肝要です．

▌全社的な QMS の継続的改善

　顧客要求事項を満たす基盤として QMS がありますが，トップマネジメントの果たす役割としてリーダーシップが重要です．顧客スコアカードで示される目標を達成するための全社的な QMS の PDCA サイクルを回して改善することができるのは，トップマネジメントだけなのですから（図 5.10）．

　IATF がこの認証に期待している戦略的目標は，"ゼロディフェクト"です．すなわち，納入不良ゼロです．今後も，この戦略的目標を達成させるために，規格要求事項やルールは今後も改訂されていくことでしょう．IATF 16949 個々の規格要求事項に振り回されることなく，この要求事項を顧客満足を達成するツールとして有効にご活用していただきたいと思います．

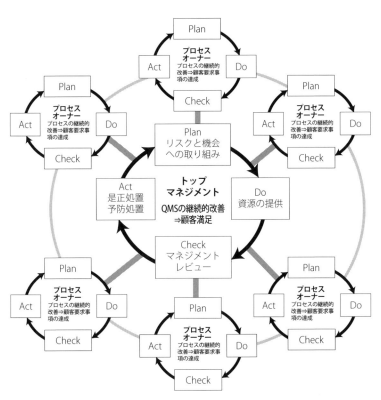

図 5.10 トップマネジメントとプロセスオーナーによる QMS の継続的改善イメージ

Q&A

▌認証取得検討段階での質問

Q1 欧米自動車メーカーではない取引先の国内部品メーカーから IATF 16949 の認証を要求されました．IATF 16949 の認証は取得できるのでしょうか？

A1 IATF 16949:2016 "1.1　適用範囲" に "この自動車産業 QMS 規格は，自動車産業サプライチェーン全体にわたって適用することが望ましい" ことが規定されています．顧客が IATF メンバーの自動車メーカーでなくても，自動車産業サプライチェーンにある組織は IATF 16949 の認証を取得することができます．

Q2 計測機器メーカー，エンジニアリング会社も IATF 16949 の認証はできるのでしょうか？／カー用品販売店に自動車用部品を納入している事業者ですが，IATF 16949 の認証は取得できるのでしょうか？

A2 IATF 16949:2016 "1.1　適用範囲" に "この自動車産業 QMS 規格は，顧客規定生産部品，サービス部品及び／又はアクセサリー部品の製造を行う組織のサイトに適用する" ことが規定されています．自動車に組み込まれない生産設備や計測機器のメーカー，生産工場をもたないエンジニアリング会社等には IATF 16949 を適用することができません．
また，OEM の純正部品（サービス部品）は IATF 16949 を適用することができますが，そうではない交換部品（アフターマーケット部品）は IATF 16949 を適用することができません．

Q3 自動車関連製品の生産が量産開始から未だ 12 か月を経過していないのですが，IATF 16949 の認証を取得することはできるのでしょうか？

A3 12 か月のパフォーマンスデータがない場合，IATF 16949 の審査を受けることができますが，認証登録することはできません．その場合であっても初回審査（第一段階審査，第二段階審査）を受け，未完了の不適合

がない場合には，適合と判定された日付で12か月間有効の"適合書簡紙"というものを発行することができます．その後，データが揃った時点で，再度の初回審査を受けて正式に認証が登録されることになります．

Q4 ISO 9001 はすでに認証登録しているのですが，第二段階審査で審査工数の削減が適用できる"アップグレード"の条件とはどのようなものでしょうか？

A4 下記の条件が満たされた場合に，第二段階審査工数を削減することができます．

現行の認証	削減率	削減率適用の条件
ISO 9001	30％	・適用範囲に変更がないこと． ・現行の ISO 9001 認証機関と新規の IATF 16949 審査機関は同一であること． ＜審査機関を変更する場合の条件＞ ・現行の ISO 9001 認証を新規の IATF 16949 審査機関に移転する． ・最低1回以上の ISO 9001 定期審査を実施する．

Q5 取引先から現時点で IATF 16949 の認証を要求されていませんが，認証取得状況の質問を受けています．IATF 16949 認証を取得したほうがよいでしょうか？

A5 取引先から認証取得を要求されていない場合は認証を取得する必要はありません．もし独自の判断で認証取得に取り組む場合，目的を明確にして取り組むことが重要です．認証取得だけを目的とするリスクとして，ムダな仕組みを構築することが挙げられます．その結果，費用と労力を費やしたにもかかわらず，期待した効果が出ないことが懸念されます．IATF が認証に求めることはゼロディフェクトの達成であることを理解し，顧客満足につながる認証取得活動とすることが期待されます．

▌適用範囲に関する質問

Q6 自動車用と自動車以外の製品を製造していますが，自動車以外の製品を IATF 16949 の適用範囲から除外することはできるのでしょうか？

A6 IATF 16949:2016 "1.1　適用範囲" に "この自動車産業 QMS 規格は，組込みソフトウェアをもつ製品を含む，自動車関係製品の，設計・開発，生産，該当する場合，組立，取付け及びサービスの品質マネジメントシステム要求事項を定める" ことが規定されています．自動車用以外の製品は，そもそも適用範囲には含まれていません．

Q7 海外に拠点を置く生産子会社（現地法人）を審査した現地の IATF 16949 審査機関から，日本にある支援部門の審査のため訪問すると言われました．どのように対応すればよいでしょうか？

A7 生産事業所の審査には，遠隔地の支援部門（例えば，製品設計や製造工程設計等）の審査が含まれます．

もし，日本の組織が既に IATF 16949 の認証を取得していた場合，遠隔地の支援部門の審査方法として次に示す二つの選択肢があります．

・選択肢 1：海外の子会社（現地法人）を審査した IATF 16949 審査機関が，日本の支援部門も審査する．

・選択肢 2：日本の組織を審査した審査機関が，海外の子会社（現地法人）の支援部門を審査した審査報告書等の審査書類一式を，海外子会社を審査した審査機関に提供する．

海外の子会社が現地で国内とは異なる審査機関で IATF 16949 を認証する場合，選択肢 2 がよく選択されています．選択肢 2 のメリットは，①審査員の海外渡航費，②通訳の手配，③通訳を入れたことによる審査工数 20％付加等が不要となり，審査費用の大きな削減が可能となることです．

IATF 16949 審査を一つの審査機関に統一する必要はありません．コスト，効率や有効性を考慮して複数の審査機関を選択することができます．

詳しくは第5章 "5.2　認証範囲の特定" をご参照ください.

■ 取得準備に関する質問

Q8 品質マネジメントシステムのプロセスの数はどのくらいに分けることが適切でしょうか？　また，プロセスマップに外注先（製造委託先や外部校正先など）を含める必要はあるのでしょうか？

A8 プロセスの数をいくつにするべきかについては，組織の大きさや，製品の複雑さ等によって異なると思います．一般的には 15〜20 前後で定義されているようです．プロセスマップには，アウトソース先を含めることが求められています．詳しくは第5章 "5.5　プロセスマップとプロセスの定義" をご参照ください.

Q9 コンサルタントの指導は依頼したほうがよいでしょうか？

A9 コンサルタントの必要性は組織の実力など様々な状況に鑑みて判断することになります．計画どおりに IATF 16949 の認証を取得するためにコンサルタントの導入支援を利用する組織は増加傾向にあるようです．コンサルタントの支援を使用しない場合は，予備審査を上手に活用する方法もあります.

いずれにせよ品質マネジメントシステムは認証取得後も定期的な審査を受け，指摘事項に対して是正処置を行うことが求められます．審査の席上にはコンサルタントの同席が認められていませんので，組織内部で規格要求事項を理解し，組織自らが品質マネジメントシステムの構築と，継続的改善が行える仕組みと実力をもつことが望まれています.

Q10 これから IATF 16949 認証取得活動をスタートさせるのですが，認証取得までにどの程度の日程が必要でしょうか？

A10 組織の規模，製品の重要性や複雑さ，品質マネジメントシステムの成熟度合い，認証取得時期のニーズなどによって活動期間は影響されます.

一般的には，準備，システム構築，内部監査とマネジメントレビューの実施，第一段階審査，第二段階審査，指摘事項の是正処置等のステップがありますので，活動の開始から認証取得まで，2〜3年を掛けているケースが多いようです．

Q11 ギャップ分析は審査対象になるのでしょうか？

A11 ギャップ分析とは，規格要求事項に対して現状のシステムの過不足の分析や課題抽出に際して用いられる手法です．審査では，このような分析に基づいて構築された"品質マニュアル"が対象となりますので，ギャップ分析は審査対象とはなりません．

Q12 タートル図の作成は，要求事項なのでしょうか？

A12 "タートル図"は IATF 16949 の審査員がプロセスを理解し分析するために活用しているプロセスモデルです．IATF 16949:2016 の要求事項には"タートル図"の要求事項はありません．

Q13 IATF 16949 の説明会，内部監査員セミナー，相談会を実施していただけないでしょうか？

A13 審査の正当性又は信頼性が疑問視されることになるため，審査機関がコンサルティングを提供することはできません．IATF 16949 ルールの公平性のマネジメント要求事項として，"特定の依頼者に対する，教育訓練，文書開発，もしくは全てのマネジメントシステム実施の支援及び関連教育訓練（例えばコアツール，シックスシグマ，及びリーンマニュファクチャリング）は，コンサルタント業務とみなされる"と規定されています．

　ただし，特定の依頼者に対するものではない，一般に公開されたセミナーなどが，公共施設で行われる場合，コンサルティング業務とはみなされませんので，公開セミナーでの質問や，個別に相談するなどして必要な情報を収集するようにしてください．

■ 要求事項に関する質問

Q14 要求事項に記載されている"プロセスを確立する"とは，具体的には何をすることなのでしょうか？

A14 プロセスへのインプットとアウトプットを明確にして，継続的改善を進めることのできる業務手順を規定することです．プロセスの要求事項は"4.4 品質マネジメントシステム及びそのプロセス"の細分箇条 4.4.1 のa)～h) 項に規定されています．

Q15 プロセスオーナーに指名されたのですが，何をしたらよいのでしょうか？

A15 プロセスオーナーにはプロセスの PDCA サイクルを回すことが期待されています．プロセスからのアウトプットはインプットされた顧客要求事項を完全に満たされているよう，プロセスからのアウトプットの有効性を評価するための管理指標を設定し，目標を達成していない場合には原因を分析してプロセスを改善し，目標を達成させることがプロセスオーナーの役割となります．

Q16 取引先は CSR（顧客固有要求事項）を発行していないので，CSR は該当なしとしてよいでしょうか？

A16 CSR とは，取引先がサプライヤーに対して取引基本契約書等の契約に基づいて発行している品質マネジメントシステムに関する要求事項です．名称も様々で，例えば"仕入先のための品質管理基準書"，"品質管理基準書"，"取引先品質保証マニュアル"等，名称も要求事項も様々です．CSR が個別の文書となっていない場合，契約書に品質マネジメントシステムに関する要求事項が記載されているケースもありますので，これらの文書を CSR として特定しておけばよいでしょう．また，必要に応じて取引先に CSR 文書の内容を確認し，入手して対応することも望まれます．

▎コアツールに関する質問

(Q17) 2019 年 6 月に "AIAG & VDA FMEA ハンドブック" が発行されました.
この AIAG & VDA FMEA ハンドブックに則って FMEA を実施しないと
審査で不適合になるのでしょうか？　それとも顧客からの要求，もしく
は自社の規程で使用するかしないかを決めればよいでしょうか？

(A17) IATF に加盟している OEM は，本書発行時点において AIAG/VDA FMEA
ハンドブックを使用することを CSR で要求していません．また，IATF
から審査機関に対してこのハンドブックに関する指示事項等はありませ
ん.

AIAG 発行のコアツールマニュアル "FMEA" を使用しているサプライ
ヤーが，このハンドブックを採用すると，様式の変更，進め方の変更（7
ステップのアプローチ採用）等があり，影響があると思います.

コアツールマニュアルは参照マニュアルであり，顧客によっては CSR な
どで具体的方法を要求していますので，どのマニュアルを採用するかは
顧客に相談して決めるとよいでしょう.

参 考 文 献

1) 損保ジャパン日本興亜 RM レポート「自動車部品・部材のリコールリスク」

2) J.D.Power 社ポータルサイト
   https://www.jdpower.com/

3) 国土交通省「平成 29 年度リコール届出内容の分析結果について　平成 31 年 3 月」

4) 国土交通省：「自動車検査・登録ガイド」

5) 経済産業省：「自動車新時代戦略会議資料　平成 30 年 4 月 18 日」

6) 経済産業省：「素形材ビジョン」

7) 経済産業省：「自動車産業を巡る構造変化とその対応について」(平成 27 年)

8) ISO 9000:2015，品質マネジメントシステム—基本及び用語

9) ISO 9001:2015，品質マネジメントシステム—要求事項

10) IATF 16949:2016，自動車産業品質マネジメントシステムシステム規格—自動車産業の生産部品及び関連するサービス部品の組織に対する品質マネジメントシステム要求事項

11) IATF 16949 のための自動車産業認証スキーム　IATF 承認取得及び維持のためのルール 5 版

12) IATF ポータルサイト　SIs，FAQs
    https://www.iatfglobaloversight.org/#

13) IATF 16949 対応 IATF 審査員ガイド第 3 版スタディガイド

14) AIAG コアツールマニュアル
    PPAP（Production Part Approval Process）Fourth Edition
    APQP（Advanced Product Quality Planning and Control Plan）Second Edition

FMEA（Potential Failure Mode and Effects Analysis）Fourth Edition

MSA（Measurement System Analysis）Fourth Edition

SPC（Statistical Process Control）Second Edition

15) JIA-QA センター主催「IATF 16949 内部監査員セミナー」テキスト

16) 日本規格協会主催「IATF 16949 セミナー　サプライヤーのためのよく分かる！規格と制度の解説コース」テキスト

17) 7S 研究会編，須合雄孝，大森直敏著：ISO/TS 16949 要求事項の徹底理解—自動車業界用品質マネジメントシステム，日刊工業新聞社，2007 年

索　　引

＜著者紹介＞

大森　直敏（おおもり　なおとし）

1977 年　東北大学工学部卒業
1977 年　日産自動車株式会社に入社，防振設計，商品企画を担当
1982 年　品質保証本部にて自動車の品質保証業務全般，ISO9001 導入全社事務局を担当
1994 年　産業機械事業部にて検査課長，品質保証課長，部品課長，部長代行を歴任
1999 年　財団法人 日本ガス機器検査協会に入会，ISO9001 及び QS-9000 審査業務，
　　　　　ISO/TS16949 認定プロジェクトを担当
2004 年　自動車部長，審査部長として EU-WVTA に関わる審査機関として KBA 認定プロ
　　　　　ジェクトを担当
2009 年　セクター認証部長として食品安全規格 ISO22000，FSSC22000 認定を担当
2011 年　セクター認証部長，兼 JIA-QA センター欧州支店長として JIA-QA センター欧州
　　　　　支店設立を担当
2014〜2022 年　セクター認証部自動車担当部長 兼 JIA-QA センター欧州支社長

【主な資格】
　JRCA 認定品質マネジメントシステム主任審査員（コンピテンス）
　IATF 認定　IATF16949 審査員
　KBA（ドイツ連邦自動車認可当局）認定 ARR 審査員（EU-WVTA の CoP 適合性審査）

【主な著作】
　・『ISO/TS16949 要求事項の徹底理解―自動車業界用品質マネジメントシステム』
　　　：日刊工業新聞社，2007（共著）
　・『2015 年版 ISO マネジメントシステム規格解体新書（改正 ISO9001,14001 対応)』
　　　：日刊工業新聞社，2015（ISO マネジメントシステム規格研究会：共著）
　・『APG 文書「QMS 審査のベストプラクティス」日本語版　第三版』：JACB 品質技術委
　　　員会翻訳編集（共著）
　・『やさしい　審査員が教える IATF16949 内部監査実践ガイド』：日本規格協会，2022
　・『標準化と品質管理』誌（日本規格協会機関誌）に IATF16949 改訂と対応の寄稿
　・月刊誌『アイソス』に ISO/TS16949 特集，連載記事など寄稿多数
【講　　演】
　第 52 回（2011 年度）及び第 57 回（2016 年度）品質月間特別講演会ほか多数

やさしい IATF 16949 入門

2020 年 6 月 12 日　第 1 版第 1 刷発行
2023 年 7 月 14 日　　　第 6 刷発行

著　　者　大森　直敏

発 行 者　朝日　　弘

発 行 所　一般財団法人 日本規格協会
　　　　　〒 108-0073　東京都港区三田 3 丁目 13-12 三田 MT ビル
　　　　　https://www.jsa.or.jp/
　　　　　振替　00160-2-195146

制　　作　日本規格協会ソリューションズ株式会社

印 刷 所　株式会社 ディグ

制作協力　株式会社 群企画

ISBN978-4-542-92030-9

●当会発行図書，海外規格のお求めは，下記をご利用ください．
JSA Webdesk（オンライン注文）：https://webdesk.jsa.or.jp/
電話 050-1742-6256　E-mail：csd@jsa.or.jp

対訳 ISO 9001:2015

（JIS Q 9001:2015）
品質マネジメントの国際規格
［ポケット版］

品質マネジメントシステム規格国内委員会　監修
日本規格協会　編
定価　5,500 円（本体 5,000 円＋税 10%）
新書判並製　454 ページ

・IATF 16949:2016 は単独の QMS 規格ではなく，
　ISO 9001:2015 と併せて使用することが求められています．
・ISO 9001 と JIS Q 9001 の英和対訳版
・用語を定義した ISO 9000 と JIS Q 9000 も同時収録
・規格 4 冊分の内容をこの 1 冊に集約
・旧版では未収録だった「品質マネジメントの原則」を収録

対訳 IATF 16949:2016

［ポケット版］
自動車産業品質マネジメントシステム規格―
自動車産業の生産部品及び関連する
サービス部品の組織に対する
品質マネジメントシステム要求事項

日本規格協会　編
定価　4,620 円（本体 4,200 円＋税 10%）
新書判並製　278 ページ

・IATF 16949:2016 英和対訳版
・附属書を含む完全収録
・規格 4 冊分の内容をこの 1 冊に集約
・原文に基づき ISO 9001 は収録されていないことから，
　『対訳 ISO 9001:2015』を併せてご利用ください．

●ご注文・お問合せは，下記までお願いいたします．
出版情報サービスチーム
TEL：050-1742-6256　Email：csd@jsa.or.jp
JSA Webdesk：https://webdesk.jsa.or.jp

対訳 IATF 16949:2016　解説と適用ガイド

IATF 承認取得及び維持のためのルール第 5 版対応

菱沼雅博　著
定価　6,600 円（本体 6,000 円＋税 10％）
A5 判並製　406 ページ

・規格要求事項を「意図」「ポイント」「適用」の視点で逐条解説
・IATF 16949:2016 と ISO 9001:2015 の規格要求事項をこの 1 冊で確認できる
・IATF 16949:2016 と併せて改訂された，「IATF 承認取得及び維持のためのル
　ール第 5 版」についても，そのポイントを解説

●ご注文・お問合せは，下記までお願いいたします.
　出版情報サービスチーム
　TEL : 050-1742-6256　Email : csd@jsa.or.jp
　JSA Webdesk : https://webdesk.jsa.or.jp

コアツール レファレンスマニュアル

コアツールは，IATF 16949 において品質の確保，マネジメントシステムの改善，顧客との意思疎通を支援するためのツールとして位置付けられており，AIAG よりレファレンスマニュアルとして発行されているものです．

APQP レファレンスマニュアル 第 2 版
［英和対訳版］（AIAG APQP-2:2008）
A4 判　238 ページ

PPAP レファレンスマニュアル 第 4 版
［英和対訳版］（AIAG PPAP-4:2006）
A4 判　156 ページ

FMEA レファレンスマニュアル 第 4 版
［英和対訳版］（AIAG FMEA-4:2008）
A4 判　304 ページ

SPC レファレンスマニュアル 第 2 版
［英和対訳版］（AIAG SPC-2:2005）
A4 判　478 ページ

MSA レファレンスマニュアル 第 4 版
［英和対訳版］（AIAG MSA-4:2010）
A4 判　484 ページ

AIAG & VDA FMEA ハンドブック：2019
［英和対訳版］（AIAG & VDA FMEA Handbook）
A4 判　480 ページ

●ご注文・お問合せは，下記までお願いいたします．
出版情報サービスチーム
TEL：050-1742-6256　Email：csd@jsa.or.jp
JSA Webdesk：https://webdesk.jsa.or.jp